Introduction to Creative Design

창의적 설계 입문

김 용 세 저

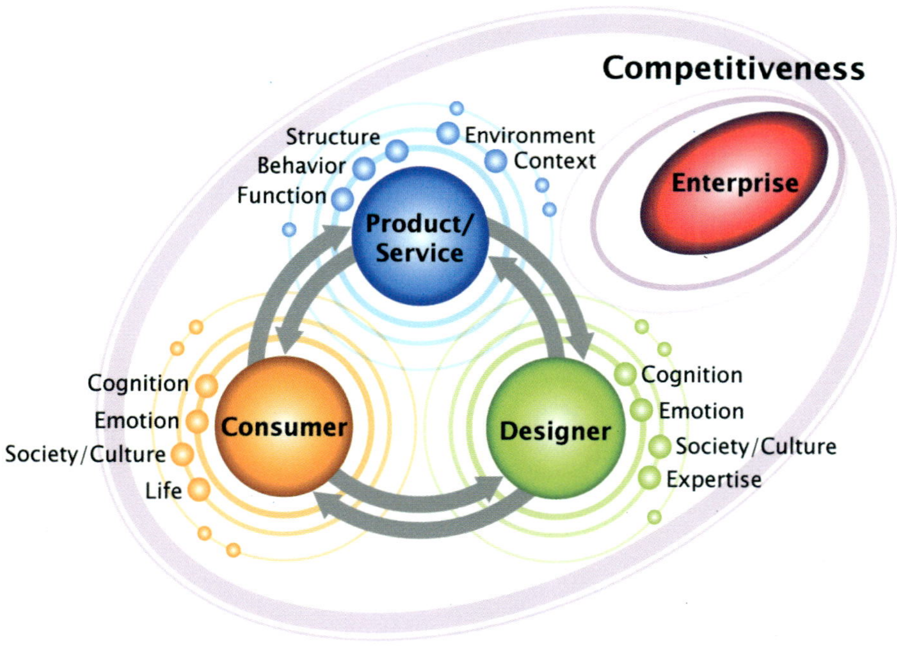

생능출판

머리말 PREFACE

2001년 봄학기부터 성균관대학교에서 '창의적공학설계' 교과목을 강의해왔다. 이 교과목은 미국에서 석, 박사 과정을 마치고 10년 동안 교수활동을 한 후, 2000년 가을 성균관대학교에 와서 두 번째 학기에 새로이 공과대학 1학년 학생들을 위해 개설한 과목이다. 이 책은 '창의적공학설계' 교과목을 강의한 내용, 미국에서 공과대학 1학년 및 3, 4학년을 대상으로 강의한 내용, Integrated Engineering and Industrial Design이란 미국과학재단의 Combined Research & Curriculum Development 프로젝트를 수행하며 강의한 내용, 미국과학재단의 Engineering Education Innovation 프로젝트로 수행한 디자인 아이디어 발상의 근원적 추론능력과 깊게 연계된 Visual Reasoning 교육 연구 내용 등을 종합하여, 우리나라 상황에 맞게 공과대학 1학년 학생들을 위한 설계 입문 교과목으로 새롭게 디자인한 것이다.

고등학교까지 입시에 관련된 상황 등으로 어떤 관점에서 보면 매우 특수한 시각의 교육을 받아온 새내기 공학도들에게, 앞으로 엔지니어로서 평생 직업활동을 하는 데 기반이 되는 설계기본소양을 심어주어야 하는 사명감이 들었다. 특히 우리나라의 공학교육 상황은 2001년까지만 하더라도 제대로 된 설계교육 과정이 틀을 잡지 못한 특수한 상황이었으므로, 설계교육의 첫 단추를 제대로 채우는 일은 매우 흥분되는 동기였다. 그리고 이러한 사명감과 흥분은 곧 한국과학재단의 창의적연구진흥사업의 지원을 받는 창의적 설계추론 지적교육시스템 연구과제로 우리나라 융합연구의 선도적 연구로 성공적으로 연계되었다. 결국 창의적 설계분야의 교육과 연구의 바람직한 융합으로 2001년 이후 발전된 교육내용을 드디어 책으로 옮기게 된 즐거운 상황이 된 것이다. 그러나 이러한 즐거움은 아쉬움과 함께 했다. 생능출판사와 2005년 경부터 논의하기 시작한 창의적 설계 교재의 준비과정이 국내에서 흔하지 않은 Design 분야 연구를 선도적으로 진행하던 나의 어려운 상황과 겹치면서 점점 지연

되어 갔다. 이제는 더 이상 지연하면 안 되겠구나 하는 조바심으로, 처음 생각하던 상황보다 짧은 시간을 투입하여 내 평생 처음 쓰는 교재를 준비한 것이다. 아쉬움이 있어야, 또 이를 개선하기 위한 동기가 생길 것이라는 핑계를 가지고, 부족한 면이 아직 많은 상태의 책을 마무리하게 된 것이다.

이 교재가 만들어지기에 가장 많은 기여를 한 사람들은 바로 지난 8년간 '창의적공학설계' 교과목을 수강해온 학생들이다. 이 학생들의 직접적인 설계 과정과 결과 등이 교재의 내용에 포함되어 있고, 이들과의 상호작용으로 얻게 된 수많은 내용들이 교재 모든 부분에 스며들어 있기 때문이다. 또한 2004년부터 현재까지 계속되는 Creative Design Institute의 연구원님들과 참여 교수님들도 많은 기여를 했다. 특히, 시각적 추론 부분에 있어 세계적 선도연구를 함께 진행해온 박정애 연구원님, 창의성 증진 훈련 프로그램을 함께 만든 김명숙 연구교수님, 그리고 지난 겨울방학 동안 교재의 여러 그림을 준비한 조영찬, 이지수 등 학생연구원들이 우선 머리에 떠오른다. 지난 2~3년간 '창의적공학설계' 교과목 내용에 새로이 강화된 소비자 관점, 팀워크 증진 관점, 그리고 스케치 내용 등을 준비한 소비자학과 김기옥 교수님, 심리학과 최훈석 교수님, 정지윤 연구원님, 그리고 매학기 10여 개 분반의 진행을 도와주는 이상원 교수님 등 우리 Creative Design Institute 동료들의 도움이 없었으면 이 교재의 내용을 완성하지 못했을 것이다. 그 외에 많은 도움을 준 모든 분들을 다 거명하지 못하는 아쉬움도 그냥 남기고 마무리를 해야겠다. 그리고 지난 몇 년을 기다려 주신 생능출판사 담당자 분들께 많은 감사를 드린다. 매일 학교에 가서 연구실에 늦게까지 있어도 항상 내 마음에 사랑을 듬뿍 느끼게 해주는 아내와 수아에게 고마움을 듬뿍 전하고 싶다.

차 례 CONTENTS

CHAPTER 1 디자인이란

CHAPTER 2 시각적 사고 및 시각적 추론

CHAPTER 3 소비자, 사회, 문화의 이해

CONTENTS

〈그림 목차〉

C O N T E N T S

〈표 목차〉

1

디자인이란

디자인이란?

Design이란 무엇일까? 과연 어떤 내용과 절차로 진행되는 것일까? 또한 디자인이란 무엇인가? 설계란 무엇인가? 영어에서는 한 단어 Design인데, 한국어로 번역될 때는 어떤 경우에는 디자인, 어떤 경우에는 설계로 번역되는 특이한 상황은 왜 생겼나?

이렇듯 Design이란 무엇인가에 대한 이야기로 시작해보자.

1. 디자인, 설계, Design

성균관대학교 공과대학 1학년 학생들의 공학인증 필수과목인 '창의적공학설계' 수업 첫 시간에 학생들에게 던지는 질문이다. 자신이 Design을 한다고 생각하는 학생들 손들어 보세요. 거의 모든 학생들은 다짜고짜 던진 이 질문에, 약간 어리둥절한 상황에서, 아 나는 아닌데…… 하고 생각하며 주위를 둘러본다. 이럴 때, 학생들 중 옷차림에 신경 좀 쓰고 온 학생 한 명을 골라, 일어나도록 부탁한다. 예를 들어, 요즈음 젊은 친구들이 좋아하는 미국 메이저리그 야구팀의 모자를 쓰고, 잘 어울리는 색의 점퍼를 입은 학생이 일어났다고 하자. 이 학생에게, 오늘 왜 모자를 쓰고 왔느냐고 질문을 던지면, 대부분 그냥 쓰고 왔다고 한다. 이럴 때, 아 이 친구 오늘 머리를 감지 않아서 모자를 쓴 것 같은데 하며, 모자를 쓴 배경에 무언가 이유가 있음을 지적한다. 그런데 자네 모자가 이것 한 개는 아니지 않느냐, 왜 하필이면 파란색 모자를 쓴 것이냐는 질문을 하면, 또 역시 그냥 파란색을 썼다고 한다. 그러면 오늘 입을 파란색 점퍼와 색을 맞추려고 그런 것 아니냐고 얘기하여, 이 학생은 몇 가지의 option을 갖고 있었으며, 그 중 하나를, 무엇인가의 판단기준에 의하여 결정한 것임을 이야기한다. 아마 회색 모자도 있었을 텐데, 그걸 쓰고 거울을 보니까, 파란색 점퍼와 잘 어울리지 않아서, 파란색 모자를 선택하였을 거란 이야기를 한다. 그리고는 이 학생은 오늘 자신의 옷차림을 Design한 것이라고 말한다. 뿐만 아니라, 아마 창의적공학설계 수업을 수강하는 등 학교일정 및 방과 후의 일정 등도 자신이 Design하여 오늘 하루를 지낼 것이고, 경우에 따라서는 아침에 생각한 일정을 오후에 변경하여 진행하는 Design 변경도 하게 됨을 이야기한다. 그러면서 모든 학생들에게, 자네들은 다 Designer이다 라는 말을 던진다.

물론 이 이야기는 약간의 과장이 있지만, 결국 Design Thinking의 기본 핵심을 이야기하며, 학생들에게 긍정적인 자세로 Design을 생각해 보게 하는 목표를 갖고 의도적으로 진행하는 이야기이다. 이렇게 시작한 후 조금 더 구체화된 Design이란 무언가에 대한 이야기로 발전시킨다. 소위 대표적인 디자인 시각에서의 설명과 설계 시각에서의 설명을 함께 진행해보자.

한국에서 가장 대표적인 디자이너 중 한 명인 이노디자인 김영세 대표의 저서(김영세, 2001, 김영세, 2005)에 설명되어 있듯이 "Design이란 emotional logic이다."란 설명을 우선 해 보자. 어찌 보면, 서로 정반대일 것 같은 감정과 논리의 결합이 Design에 필요하다는 이야기이다. 때로는 논리적인 시각이 필요하며, 감정이 풍부하게 적용되어야 한다. Design은 실생활의 니즈를 이해하는 데서 시작한다. 이를 위한 방법이 이 책의 뒷부분에 구체적으로 설명되어 있다. 그리고 소비자의 니즈는 끊임 없이 변화하기 때문에 이를 예측하는 안목이 디자이너의 주요 능력 중 하나이며, 이를 위해 영감을 잘 떠오르게 하는, 즉 창의적인 아이디어를 창출해내기 위한 방법의 교육이 필요하다. 풍부한 상상력이 필요하며, 생각한 아이디어를 시각화하는 능력이 중요하다. 이러한 시각적 사고와 시각적 추론에 대한 구체적 설명이 3장에 설명되어 있다.

제품의 스타일을 아름답게 만드는 Design as styling도 중요하며, 여러 가지의 변화를 만들어내는 것이 디자인이기도 하다. 기존의 방법을 개선하는 능력, 기존의 기능을 연계하거나 새로운 기능을 창출하는 능력, 사고의 전환 능력, 타협하고 조율하는 능력, 자신의 생각을 전달하는 능력, 그래서 문제의 해결책을 제공하여 소비자를 즐겁게 하는 능력들을 필요로 한다. 이러한 능력들이 함께 적용되어 Design as Innovation으로 발전하게 되는 것이다. 디자인 관점에서의 Design이 무엇인가에 관한 더 많은 설명과 관련 사례를 구체적으로 알고자 한다면, 앞서 언급한 김영세 대표의 저서를 직접 읽어볼 것을 권한다.

이번에는 설계 시각에서의 Design이란 무엇인가에 관한 설명을 하고자 한다. Nigel Cross는 그의 대표적 저서인 「Engineering Design Methods」(Cross, 2000)에서 Design을 다음과 같이 설명한다. 아주 오래 전에는 인간이 무언가 기능을 제공하는 물건을 만드는 과정, 예를 들어 음식을 먹을 때 편리성을 제공하는 숟가락 같은 것을 만드는 과정과 Design 과정이 동시에 진행되었다. 자신이 사용할 물건을 직접 Design하여 만들어 사용하는 시대가 지나고, 다른 사람이 만들게 되는 시대가 오면서, 결국 Design이 먼저 실현된 이후, 제작이 진행되는 소위 산업사회가 되었고, 이제는 Design 단계에서 제작단계의 여러 고려사항을 반영하는 Design for Manufacture의 개념이 지배적인 상황이다. 결국, 좁은 의미에서의 Design이란 자연으로 얻어지지 않아 만들어내는 물건, 즉 인공물을 묘사하는 과정이라고 볼 수 있다. 그리고 이러한 인공물의 범위 및 의미는 인간의 욕구가 다양해지고, 섬세해짐에 따라 계속 발전하고 변화한다.

그런데 과연 디자인과 설계는 서로 다른가? 본래 영어에서는 한 단어인 Design인데, 그리고 위의 두 시각의 설명은 서로 다 상호 적용이 되는데, 왜 한국어로 번역되는 과정에서 마치 다른 것을 의미하는 말처럼 설명되는 것인가? 사실 설계는 한자어이고, 디자인은 외래어 표현인데, 오래 전부터 우리나라 학계 등에서는 무슨 무슨 디자인학과와 무슨 무슨 분야의 설계라고 분리하여 다루어 오고 있다. 아마도 이는 Design의 본질이 아닌, 주변상황이 만들어낸 Extrinsic 현상이라고 할 수 있다. 물론 Design 대상에 따라 product design, architectural design, mechanical design, interface design 등 분야의 전문성을 반영하는 구체 영역이 만들어지는 것은 당연한 일이다. 그러나 이들 다양한 Design에서의 공통 기반이 되는 부분이 있으며, 이를 위한 Designer의 기본 소양을 배양하는 것이 Design 교육의 중요한 핵심이다.

굳이 디자인과 설계의 분리가 굳어진 시각의 소유자들을 위해 설명한다면, 새로운 제품과 서비스를 기획하고, 이들의 개념을 디자인하고, 이를 구현하는 설계를 하는 과정을 통합하여 '통합디자인'이란 표현을 쓰자. 이 책에서는 통합디자인, 디자인, 설계, 이 세 가지 표현을 같은 표현으로 간주하고 사용할 것이다. 이는 다 영어의 Design임을 다시 한번 강조한다.

2. Design 대상 : 제품 및 서비스

폭넓은 의미에서 Design Thinking이 다양한 대상의 설계 활동에 적용된다. 이번에는 대표적 제품 및 서비스의 디자인 사례 3가지를 통해, 이러한 디자인 활동 및 그 결과물의 예를 들어본다. 3가지 사례는 간단한 생활제품, 사무용 가구 제품 및 의료 제품-서비스 시스템으로, 우리의 관심의 시각 폭을 꽤 넓게 보게 하는 사례라고 할 수 있다

생활제품

첫 번째 사례는 그림 1-1에서 보여지는 제품이다. 이 제품의 기능이 무엇일지 한번 예측해보자. 손잡이같이 생긴 부분이 있고, 손잡이와 같은 색깔로 만들어진 받침 같은 부분이 있고, 그 위에는 아래로 향한 꼭지같이 생긴 부분이 있다. 어떻게 보면 현미경 같기도 하고, 어떻게 보면 에스프레소 커피기계 같기도 하다. 과연 어떤 기능의 제품일까? 자, 이제 힌트를 주자면, 이 제품과 함께 다른 물건을 보여주자. 그림 1-2는 이 제품과 이에 연계된 다른 물건을 보여준다.

▸▸▸ 그림 1-1 생활제품 사례(http://www.howstuffwokrs.com)

일단 그림 1-2를 보면, 금방 이 제품의 기능을 알 수 있다. 제품의 이름은 Orange X로서, 수동형 오렌지 주스 기계이다. 과일에 알맞은 적당한 사이즈의 장치 속에서 압력을 받아 즙을 짜낼 수 있도록 구성되었다. 그 부분은 견고하고 가벼운 메탈 소재로 만들어져 있으며, 지레 역할을 수행하는 손잡이 부분은 일반적인 다른 기계에 비해 더 길다. 청소 또한 아주 간편해서 쉬운 과정을 통해 과일 찌꺼기를 제거할 수 있다. 소비자 가이드에 등록된 전문가의 평가에 따르면, Orange X는 일반 전기 믹서기 못지않게 빠르고 능숙하게 과일즙을 짤 수 있다고 한다. 일반적인 사람이라면 누구나 쉽게 손잡이를 아래로 누르는 것만으로 작업을 수행할 수 있다고 한다. 또한 심플하고 세련된 스타일과 다양한 색상은 소비자들로 하여금 더 큰 만족감을 누릴 수 있게 할 것이라고 한다.

▸▸▸ 그림 1-2 Orange X Ojex Juicer(http://www.wizwid.com)

디자이너들은 소비자들이 쉽고 간편하게 이 기계를 사용할 수 있도록 하기 위해 개발 초기단계부터 많은 사항들을 고려하였다. 모든 모서리를 둥글게 하고 최대한 제품의 무게를 가볍게 하는 것 등 수많은 것을 고려하여 설계하였다. 그러나 제품의 무게를 줄이는 것은 재료부터 제품의 전체 크기에까지 영향을 미치는 중요한 사항이었기에, 여러 분야 전문가들의 협력이 중요하였다. 손잡이의 경우, 길수록 압력을 가하는 데 있어 더욱 효과적이었지만, 너무 큰 손잡이는 부담스러울 뿐이었다. 여러 가지 테스트용 모델을 제작하여 손잡이의 움직임 각도 등을 계산하였고 그에 따른 모형을 제작하였다. 그리고 실제 소비자들을 대상으로 수

차례의 실험을 통해 적절한 길이와 각도 위치 등을 알아냈다. 그래서 마침내 그들은 어린이 또는 팔 힘이 부족한 소비자들도 모두 간편하게 사용할 수 있는 형태를 만들어낼 수 있었다. 제품의 최종 디자인에도 모든 부분이 전체적으로 하모니를 이룰 수 있도록 통일감을 형성하는 데 주력했다. Orange X는 다양한 프로토타입들로부터 기능별로 다른 실험과정을 거쳐 만들었다. 손잡이의 기구 운동 관련 설계안을 검증하고자 만든 프로토타입이 있고, 실제로 오렌지 주스를 짜면서 오렌지와 접촉하여 주스를 짜는 부품의 구체 형상 및 주스 짜는 기능을 직접 수행하며 검증할 수 있는 작동형 프로토타입 등이 있다. Orange X의 성공은 단순히 예쁜 스타일 혹은 간편함 등 한두 가지 장점에서 비롯된 것이 아니다. 다각적인 연구과정과 그 모든 것을 충족하는 설계, 폭넓은 소비자층과 각기 다른 분야의 개발팀들 간의 화합으로 이루어진 획기적인 상품이다.

사무용 가구제품

성공한 닷컴기업의 상징으로 여겨질 만큼, 고가임에도 불구하고 많은 기업에서 사용하는 사무용가구의 성공작인 Aeron Chair를 만든 세계적 가구회사인 Herman Miller 사는 독일의 디자인 전문기업인 Studio 7.5와 함께 좀 더 현대적인 외형과 신선한 느낌의 혁신적 제품인 Mirra Chair를 설계했다. Aeron Chair보다 낮은 가격에, 보다 넓은 소비자 층의 환영을 받고, 환경관점에서도 훌륭한 Mirra Chair의 모습은 그림 1-3에 보여진다. 나도 우리 Creative Design Institute를 설립하고 연구소 가구로서 가장 애착을 갖고 구입한 것이 바로 Mirra Chair이다. 저녁 늦게까지 때로는 컴퓨터 앞에 앉아 작업하고, 때로는 번득이는 아이디어를 불러들이기 위해 몸을 뒤로 젖히고 잠깐 눈을 부치는 우리 연구원들의 필수적 업무지원 역할을 Mirra Chair가 담당한다.

Aeron Chair보다는 저렴하지만, 그래도 사무용 의자 1개에 70~80만 원 수준으로 고급 제품인 Mirra Chair는 기능성, 편리성 및 심미성 등의 완벽한 조화가 소비자가 인정하는 가치로 받아들여지게 설계한 제품이라고 할 수 있다. 메시로 만든 시트는 Aeron Chair와 같은 메시 재질로서 타사의 모방을 불가능하게 하는 통풍성과 안락함을 동시에 제공한다. 등받이는 메시를 이용한 Aeron의 경우와 달리, 큰 구멍이 여러 개 있는 플라스틱 사출물로 하여, 결국 필요한 등받이의 기능성을 보다 낮은 가격에 가능하게 한 것이다. 그리고 그림 1-4의 부품 수에서 볼 수 있는 바와 같이, 조립과정의 단순화 및 부품 수의 최소화 노력을 통해 생산 단가를 낮추는 설계효과도 성공적인 제품이다. 부품은 쉽게 다시 해체되어 재활용되는 비율을 극대화하도록 하여, 환경관점을 반영하는 설계로 상위개념의 사회적 가치 추구를 성공적으로 달성한 설계이기도 하다. 또한 의자에 대한 만족도는 여성 사용자의 경우 5%에서 95%로 상승할 만큼 엄청난 만족도를 제공하였는데, 이렇게 다양한 성별과 체형의 모든 사람들로 하여금 제품에 만족할 수 있도록 하기 위해 설계 팀은 소비자 평가, 경쟁 및 유사제품 비교 평가, 소비자그룹 인터뷰, 성능 향상 연구 등의 여러 가지 방법으로 소비자들의 다양한 욕구를 충족시키기 위해 노력하였다.

▸▸▸ 그림 1-3 Mirra Chair(http://www.hermanmiller.com)

▸▸▸ 그림 1-4 Mirra Chair의 부품들(http://www.hermanmiller.com)

의료 제품-서비스 시스템

BodyMedia는 신체 진단 제품 및 서비스 설계 및 개발회사이다. 과학기술의 발전을 기반으로 점점 더 바뀌는 소비자의 건강 관련 관심도의 증가를 기회로 하여, 사람의 건강과 행동행태에 정확한 정보를 제공해주는 제품과 기반기술력을 통해, 의료전문가, 헬스클럽 및 일반 소비자 등 다양한 층의 소비자에게 의료 정보 서비스를 제공하여 부가가치를 창출하는 회사이다. 즉, 제품-서비스 통합시스템을 제공하는 기업인 것이다.

BodyMedia는 일반소비자 대상 제품-서비스 시스템인 GoWear fit이라는 라이프 스타일 및 칼로리 관리 시스템을 설계하였다. 팔에 암밴드를 착용하고 주기적으로 측정된 데이터를 컴퓨터에 업로드시키는 것만 하면 되는 프로그램으로 다음의 세 단계를 거치면 된다. 첫 번째 단계는 온라인 매니저시스템에 접속하여 목표를 설정한다. 두 번째로는 GoWear fit 암밴드를 착용한다. 그리고 마지막 단계로, 주기적으로 암밴드를 풀고 컴퓨터에 연결하여 GoWear fit 사이트에 접속하여 자신의 매니저 프로그램을 실행시킨다. 그런 후 'Upload Armband'를 클릭하면 자신의 목표에 얼마나 가깝게 도달했는지 볼 수 있다. GoWear fit의 Armband 및 화면표시 모습은 그림 1-5와 같다. 운동 및 일반 생활활동 중 팔에 차는 암밴드는 가속도센서를 통해 운동량과 걸음걸이 수를 측정하고, 땀이 나면 피부의 전기적 전도성이 올라감을 이용하여 체온과 발열량 등을 측정하여 소모 칼로리량을 계산한다. 센서 및 의료 기술을 바탕으로, 소비자의 일상활동 중 착용 가능한 인체공학적 암밴드를 설계하고, 손목에 찬 디스플레이를 통한 정보 제공 등의 제품적 요소와 온라인 시스템을 통한 관리 체계의 서비스가 연계되어 새로운 소비자 가치를 제공하는 사례이다.

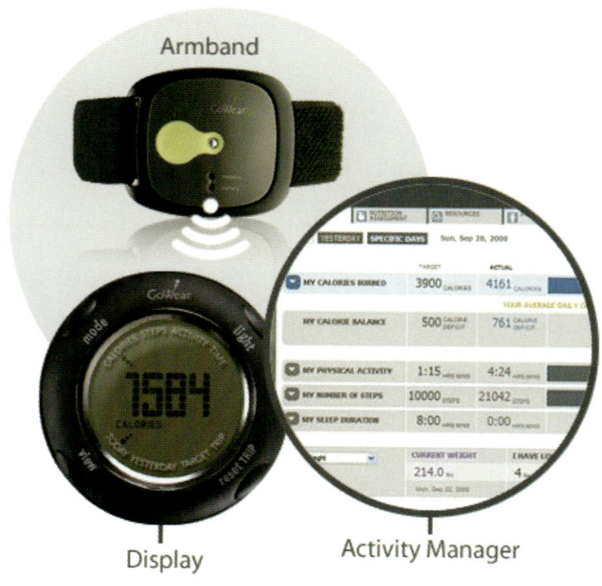

▸▸▸ 그림 1-5 GoWear fit의 Armband 및 Display 모습(http://www.bodymedia.com)

위의 3가지 사례에서 보듯이, 소비자와 사회의 요구사항을 지속적으로 찾아내어, 이를 충족시키기 위해 다양한 전문지식을 종합하여 솔루션과 비즈니스 모델을 만들어내는 활동이 설계활동이라 할 수 있다. 이제는 사례위주의 관점이 아닌, 일반적 설계자 활동 중심으로 설계란 무엇인지 살펴보자.

3. 설계과정

설계는 과연 어떠한 과정으로 진행되는가. 많은 설계 연구자들이 설계과정에 대한 고찰과 설명을 제시하였다. 이 책에서는 우선 이들 중 가장 간단한 내용으로 전체 윤곽을 잡고, 상황에 따른 구체 설명을 적절한 시점에 제공할 것이다. Nigel Cross는 설계활동이 크게 다음의 4단계로 진행된다고 설명한다. 문제의 탐색(exploration), 설계방안의 생성(generation), 이들의 평가(evaluation), 그리고 설계결과의 전달(communication)이다(Cross, 2000).

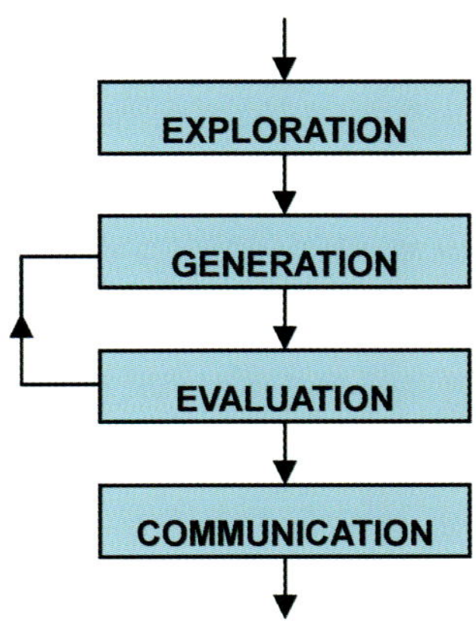

▸▸▸ 그림 1-6 Four-stage model of the design process(Cross, 2000)

디자인 탐색 단계에서는 해결해야 하는 문제가 무엇인지를 밝히는 단계로서 디자인의 목적이 무엇인지, 해결안을 찾는 과정에 어떠한 제약조건들이 있는지, 그리고 과연 해결안의 어떤 기준으로 성공이 평가될 것인지 등으로 구성되는 문제 자체를 정의하기 위한 단계이다. 사실 대부분의 실제 문제들은 목적을 명확하게 잡기 어려우며, 제약조건과 평가기준들은 쉽게 파악되지 않는다. 즉, 미리 형태를 드러내지 않는 많은 다양한 해결안이 있는 open-ended 성격과 문제의 많은 부분들이 미리 구체화되어 있지 않다는 점이 바로 디자인 문제의 대표적 성질이다. 제약조건과 평가기준은 서로 모순적인 상황이 빈번하게 발생한다. 쉬운 예로, 가격은 낮추고 품질은 올리라는 서로 상반된 요구가 동시에 제공된다. 따라서 문제에 대한 이해는, 문제의 해결책을 찾고자 하는 노력과 더불어 발전하게 된다. 즉, problem understanding과 design solving 과정의 co-evolution에 의해 디자인 과정이 진행된다고 할 수 있다.

디자인 해결방안의 생성은 디자인 의뢰인이 제공한 디자인 해결안의 요구사항들에 대한 디자이너의 해결안 제안의 성격으로 진행된다. 해결안은 기존의 해결안들의 개선 및 변경을 통하여 얻어지기도 하고, 아주 새로운 시각에서 만들어지기도 한다. 이 과정은 디자이너의 많은 지식과 경험을 바탕으로, 창의적 능력에 의해 진행된다. 바로 이 창의적 능력은 앞에서 김영세 대표의 "Design is emotional logic."이란 말이 표현하듯, 이미 양면성을 갖고 있는 능력이다. 설계 창의성 관련 내용에서 이 부분을 더욱 구체적으로 설명할 것이다. 그리고 디자인 생성의 중요한 특징은, 이 생성과정이 다음 단계인 평가 단계와 연계하여, 그리고 또 앞 단계인 문제 이해 단계와 연계하여, 반복적으로 진행된다는 것이다.

생성된 디자인 방안이 과연 이해하고 있는 문제의 적절한 해결책이 되는지를 다양한 각도에서 평가하는 단계는 생성 단계 못지않게 중요한 디자인 단계이다. 생성 설계안을 평가하기 위하여, 때로는 여러 각도에서 분석을 하기도 하고, 설계안의 해결 유용성을 검증하기 위한 모형을 제작하여 평가하기도 한다. 역시 이 단계도 생성과정과 연계하여 많은 반복적 순환과정을 통하여 이루어진다. 따라서 설계과정은 문제해결안의 생성 및 합성, 영어로 Synthesis 단계와 분석 및 평가, 영어로 Analysis 단계의 순환과정으로 이해된다. 바로 이 순환과정을 잘 이용하는 디자이너가 성공적인 디자인을 만들어낸다고 할 수 있다.

이러한 Synthesis와 Analysis의 순환과정에서 중요한 역할을 하는 것이 설계 생성 과정 결과의 적절한 표현단계이다. 물론, 긴 설계과정의 최후 단계로, 이제 만들어질 인공물을 만들 수 있을 정도로 충분한 정보를 제공하는 결과의 표현도 중요하다. 흔히 제조를 위한 설계도면의 형태로 최종 설계결과물이 정리되며, Computer를 이용한 설계결과물 표현이 정보의 관리 및 제작과정의 지원 등에 유용하다. 이뿐만 아니라, 사실은, 계속 순환, 발전하는 설계과정의 각 시점에서, 그때 그때의 설계 결과를 적절히 표현하여, 다음 설계과정의 순환과정으로 발전시키는 역할을 하는 설계 결과물의 표현이 어찌 보면 훨씬 더 중요하다고 할 수 있다. 이러한 목적으로 디자이너는 자신의 생각을 스케치로 표현하고, 동료 디자이너와의 협업과정에 이용하고, 또 적절한 수준의 프로토타입을 제작하여 디자인 아이디어를 점검하기도 하고, 디자인 결과물의 사용상황을 설명하는 시나리오를 만들어 설계의뢰인에게 자신의 구상을 설득시키는 작업을 한다. 이 단계에서 사용되는 모든 매개물의 생성이 바로 설계 표현 및 전달물이다.

이와 같이 4단계로 설계과정을 설명하였다. 이들 각 단계에서의 디자이너의 능력도 중요하며, 이들 단계를 연결하는 능력도 매우 중요하다. 경우에 따라서는 이 4단계가 한 명의 디자이너에 의해 진행되기도 하고, 같은 조직 내의 몇몇 디자이너들에 의해 진행되기도 하고, 또 경우에 따라서는 몇 개의 다른 회사들의 협력에 의해 진행되기도 한다. 개인 디자이너의 이러한 단계 연결 능력 및 회사들 간의 연결 능력 모두 디자인 능력의 핵심 능력이라고 할 수 있다.

2

시각적 사고 및 시각적 추론

시각적 사고 및 시각적 추론

'Visual Thinking' 이란 표현은 나에게는 Stanford 대학 유학 첫해에 처음으로 인지되었다. Stanford 대학 기계공학과 Design Division에서 1학년 학생들을 대상으로 제공하는 교과목의 이름이었다. 「창의적 설계 입문」이란 이 책의 제목 또는 성균관대의 공과대학 1학년 학생들을 위한 교과목 이름인 '창의적공학설계' 가 Stanford 대학의 그 교과목의 이름일 수도 있다. Stanford 대학의 McKim 교수는 왜 Visual Thinking이란 교과목 이름을 만들었을까? Visual Thinking은 아마도 Designerly Ways of Thinking이란 표현으로 쉽게 설명되는 디자인 사고 능력을 개발하고 교육시키는 최적의 수단이 Visual Thinking으로 가능하다는 생각이었을 것이라 추측한다. 우리말로 시각적 사고인데, 이를 좀 더 쉽게 이해시키기 위해 나는 시각적 추론, 영어로 Visual Reasoning의 개념을 설명한다. 사고라는 표현보다, 추론이라는 표현이 디자인학도, 공학도 및 일반인에게 좀 더 관련 과정과의 연계성이 있어 쉽게 연상된다고 생각되기 때문이다. 여기서는 대표적인 설계기본소양으로서 시각적 추론이란 무엇이고, 어떻게 증진시키는지를 설명한다. 그 이전에 자연스런 시각적 추론을 하는 데 도움이 되는 그리기에 관련한 설명을 곁들인다.

1. 그리기

그림을 잘 그리는 능력은 흔히 디자이너의 기본소양으로 여겨진다. 그러면 그림 그리는 능력은 타고나는 것인가, 아니면 훈련과 교육에 의해 발전되는 것인가. Hanks와 Belliston은 「Draw!」라는 짧은 그리기 능력 교육 저서에서, 우리 인간은 모두 그림 그리는 능력을 타고났다고 주장한다. 만일 3살짜리 어린아이가 집안에서 혼자 엄마를 잠깐 기다리는 상황일 때, 이 어린아이는 흙바닥에 손가락으로 무언가 그리면서 스스로 놀이를 하고 있을 수 있다. 여러분이 3살짜리 조카를 데리고 패밀리푸드 전문식당을 가면, 웨이트리스는 종이와 색연필을 3살짜리 아이에게 가져다줄 것이다. 이 아이는 그림을 그리면서, 식사 시간 동안 식당내부를 뛰어다니고 싶은 충동을 느끼지 않을 수 있다. 이러한 상황들이 바로 우리는 모두 그림 그리는 능력을 타고났다는 증거라고 할 수 있다. 자, 일단 긍정적 자세를 만들어 놓고, 그리기에 대한 설명을 진행한다.

그리기는 Illustrator가 아니라 디자이너라면, 목적이 아니라 다른 목적을 위한 수단이다. 문제해결과정을 도와주는 도구이며, 아이디어 생성을 지원해주고, 의사전달의 매개체 역할을 한다. 디자이너가 자신의 아이디어 생성을 지원하는 간단한 스케치를 하고, 또 동료 디자이너에게 자신의 아이디어를 설명하는 상황을 그림 2-1에서 볼 수 있다. 디자이너의 디자인과정에 다양한 형태의 그리기 활동이 진행된 예를 그림 2-2에서 볼 수 있다. 이와 같이 그리기는 디자인과정을 지원하는 도구이다.

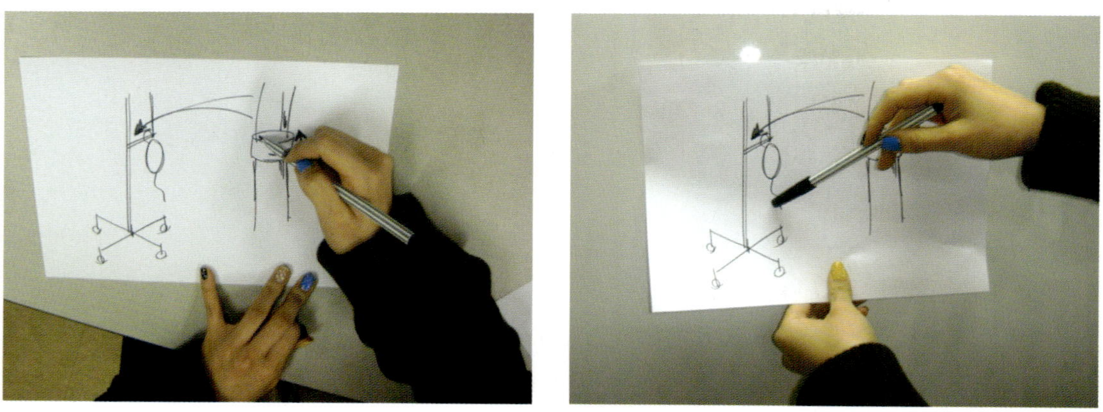

▸▸▸ 그림 2-1 아이디어 생성을 지원하고, 디자인 의사전달에 이용되는 스케치

▸▸▸ 그림 2-2 디자인과정에서 만들어진 다양한 스케치

우리 모두 그리는 능력을 타고났는데, 어떻게 이 타고난 능력을 잘 활용할 수 있을까. 이는 연습을 통해 발전시킬 수 있다. 많이 그려보면 발전하는 것이다. 그런데 연습을 하는 데 있어서, 몇 가지 지침을 가지고 연습을 하면 더욱 효과적이다. 즉, 머리로 연필을 잡고 그리는 연습을 하라는 것이다. 이와 같은 메시지가 그림 2-3에서 전달된다.

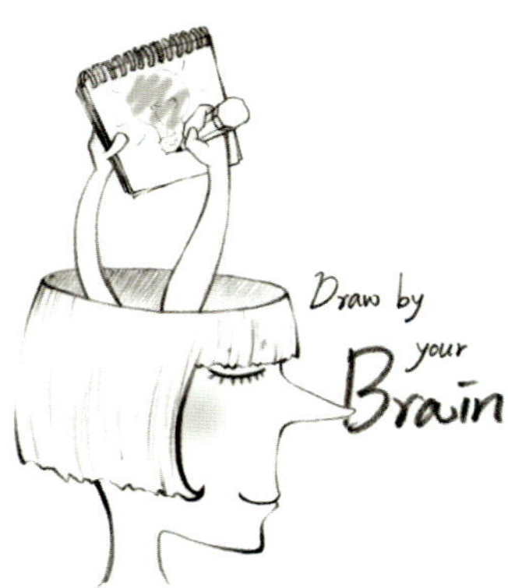

▸▸▸ 그림 2-3 그리는 연습을 많이 하라. 그런데 머리로 그리는 연습을 하라.

우선 우리 눈에 보이는 대로 그리는 연습을 한다. 물론 이 세상에 없는 새로운 디자인을 창출해낼 때는 보이는 대로 그릴 수 없지만, 그리는 연습에는 실제 사물을 보이는 대로 그리는 연습이 필요하다. 보이는 대로 그린다는 것은, 즉 실제 사물의 형상을 모사한다는 것이다. 모사의 대상에 격자를 만들어놓고, 각 요소들의 형상, 크기, 관계들을 이들 격자를 이용해 파악하여, 자신이 그리는 종이에 만들어놓은 격자를 이용하여 모사대상에서의 형상, 크기, 관계들을 모사하는 방법으로 연습하라.

단순 도형 이용

우리 주의의 많은 물체들은 단순한 형태를 갖고 있다. 책장이나 집 구조 등 많은 실제 물체들은 직육면체의 형상을 갖고 있다. 이는 중력에 의해 수직선 방향이 생기고, 이 방향에 직각인 수평면상의 또 다른 두 방향이 수직선과 함께 3차원 공간의 기본 좌표계를 생성한다는 물리적, 수학적 이치에 의해, 우리 생활공간에 있는 물체를 만드는 데 가장 쉬운 방법이 바로 이러한 직교 좌표계를 이용하는 것이라는 당연한 원리에서 시작된다고 할 수 있다. 정육면체를 위아래 또는 옆으로 축소하거나 늘리거나 하여 생기는 직육면체를 통해, 의자에서 부엌가구까지 집 안에 있는 많은 인공물들을 표현하는 것이 가능해지는 것을 그림 2-4에서 볼 수 있다.

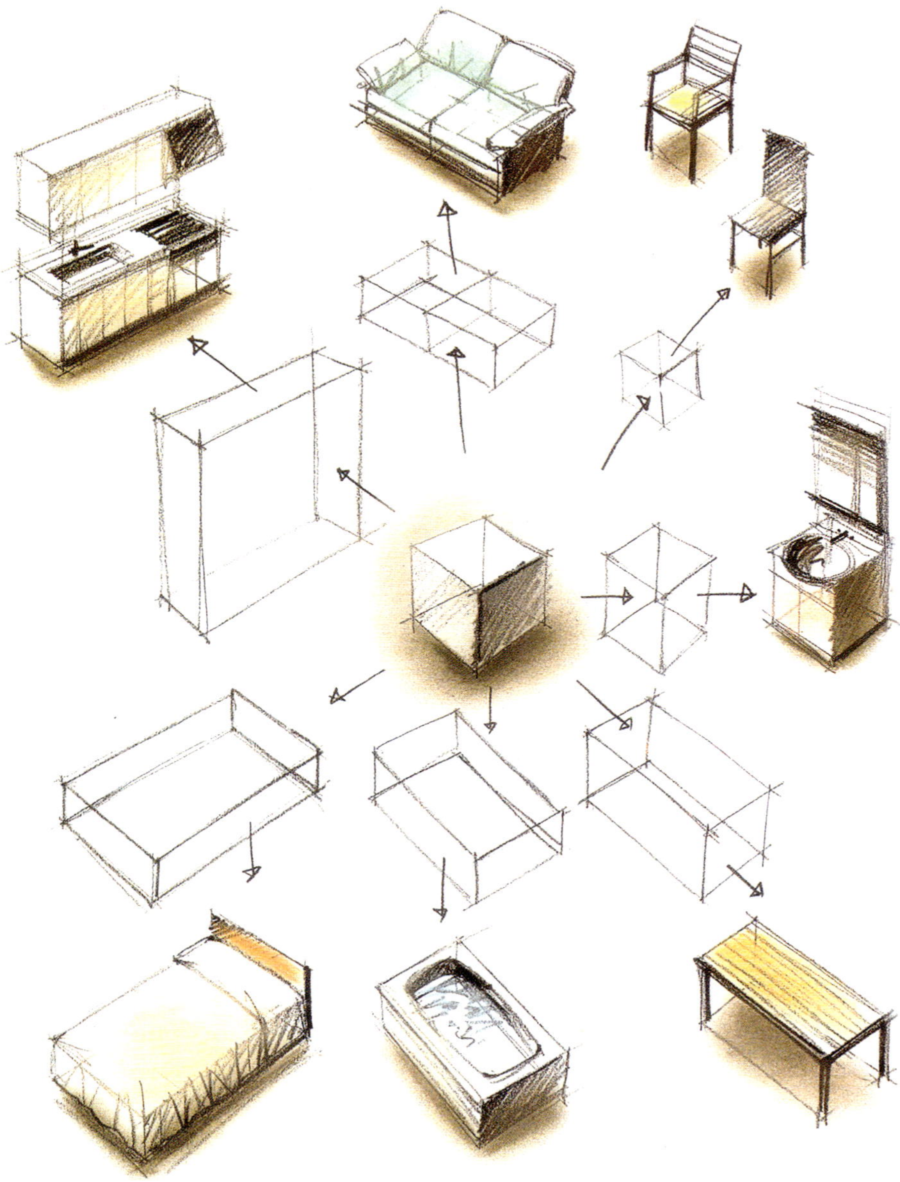

▸▸▸ 그림 2-4 정육면체와 직육면체(하세가와, 1996)

그리고 표면장력에 의해 물방울은 구형의 형상을 갖는다. 따라서 우리 주위의 많은 사물들은 구형, 또는 여기서 조금 변형된 타원체 형태를 갖게 된다. 사람의 모습이 구, 원통, 원뿔 등으로 표현된 예를 그림 2-5에서 볼 수 있다. 바로 이런 점에 착안하여 컴퓨터 비젼 분야의 창시자라고 할 수 있는 Stanford의 Binford 교수가 Generalized Cylinder를 이용하여 인간의 사진을 자동 인식하는 방법을 고안해냈다.

자, 이제 우리 주변의 많은 물체들이 직육면체, 구, 원통 등으로 표현 가능하다는 생각을 가지고, 주변의 사물을 그리는 연습을 하자.

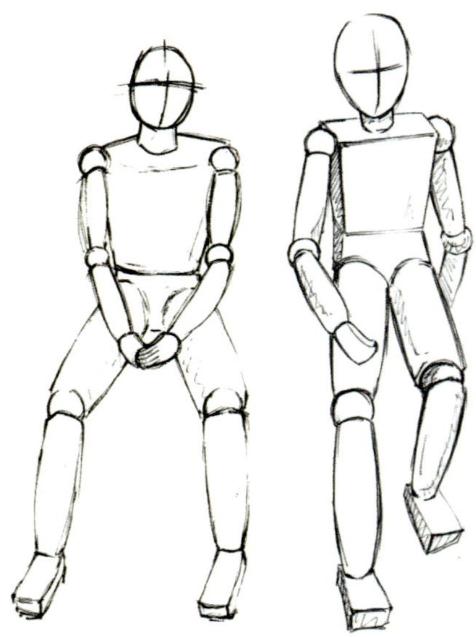

▸▸▸ 그림 2-5 단순한 도형으로 이루어진 사람의 그림

원근 투시법

눈에 보이는 대로 그리는 연습의 다음 단계는 우리가 주변 경관을 볼 때, 원근감을 느끼며 본다는 사실의 이해이다. 곧게 뻗은 길이 저 끝에서 만나는 것처럼 보이는 사진이 그림 2-6에 있다. 원근법의 기본원리를 무시하고 그림을 그리면, 마치 무너져내릴 것 같은 건물 조감도를 그리게 되는 실수를 할 수 있다. 따라서 원근투시법(Perspective Projection)에 대한 간단한 설명을 제공한다.

▸▸▸ 그림 2-6 시골길의 원근감

시골길 사진에서 나란히 뻗은 길의 양쪽 경계부분은 실제로 평행한 데, 멀리 한 곳에 모이는 것처럼 보인다. 이와 같이 평행한 선들이 한 곳에 모여 보이는 점을 소실점(vanishing point)이라고 한다. 그런데 소실점에 모이는 선들이 수평하다면, 이 소실점은 수평선상에 생기게 되고, 그림에서의 이 위치가 보는 사람의 눈높이에 일치한다. 그림 2-6의 시골길의 경우 사진기의 높이와 나무의 크기를 상대적으로 알 수 있다. 이처럼 우리 눈에 보이는 사물들의 모습은 그 사물들의 정보를 나타낸다. 따라서 과연 사람의 눈에 사물이 어떻게 보이는지를 알아야 한다.

원근투시법의 기본내용은 그림 2-7을 이용하여 설명한다. 보는 사람과 물체 사이에 투시면(View Plane)이 있다. 보는 사람의 눈(Point of Sight)에서 보는 물체에 보는 선(Sight Ray)을 발사한다고 가정하자. 이 Sight Ray와 View Plane이 만나는 점에 보는 물체가 투영된다. 예를 들면, 물체의 왼쪽 위 꼭지점이 그림에서와 같이 투영된다. 물체의 모든 모서리를 보게 되면, 이 모서리들의 투영이 투시면에 그림과 같이 생기게 되어, 오른쪽의 그림처럼 물체의 모습이 투영된다. 이것이 원근투시법이다. 격자를 이용하여 모사하면 그리기에 도움이 되는 이유는, 격자가 있는 투시면이라고 하면, 그림 2-8의 L자형 물체의 투시 예에서 알 수 있듯이 물체 각 부분의 상대적 관계가 그대로 투시면에 투시되기 때문이다.

▸▸▸ 그림 2-7 원근투시법(1)

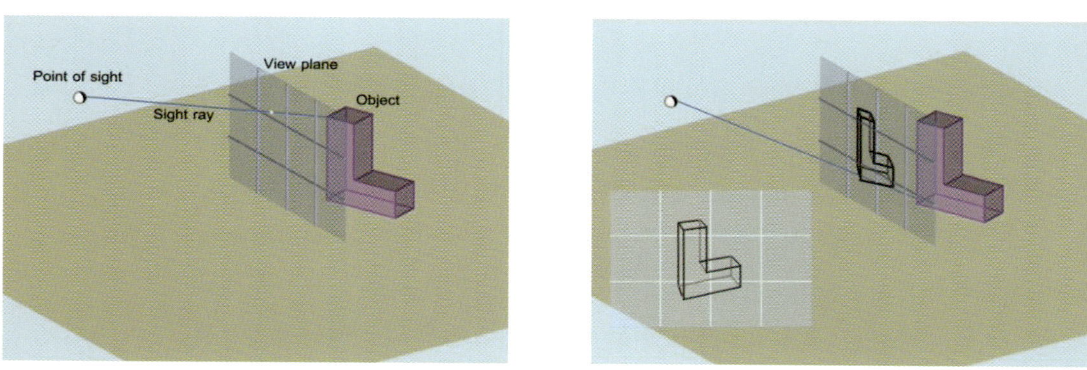

▸▸▸ 그림 2-8 원근투시법(2)

물체와 보는 사람, 또는 Pont of Sight의 상대적 관계에 따라 투시되는 결과가 다르게 나타난다. 그림 2-9에서 보듯, 같은 물체를 붕어, 사슴, 개미, 애꾸눈

▸▸▸ 그림 2-9 다른 위치에 있는 네 객체는 각각 상자의 다른 쪽 부분을 보게 된다.

등이 보는데, 이들은 각기 물체의 다른 부분을 보게 된다. 자 이번에는 연습을 해보자.

그림 2-10 (a)는 1, 2, 3, 세 위치에서 L자형 물체를 보는 상황이다. '어느 위치에서 본 경우가 오른쪽 위의 Example과 같이 보게 될까?', '세 위치에서 보는 경우가 각각 어떻게 달라질까?' 등의 연습을 해보자. 그림 2-10 (b)에서 보듯 1번의 위치에서는 L자형 물체의 왼쪽 면을 볼 수 있다. 2번의 위치는 1번보다 조금 높고 오른쪽에서 보는 위치이므로, L자형 물체의 윗면도 볼 수 있고, L자형의 파인 부분을 볼 수 있다. 3번 위치는 2번 위치보다 낮아, 윗면이 안 보이지만 오른쪽 면은 더 많은 부분을 볼 수 있다.

▸▸▸ 그림 2-10 (a) 어느 위치에서 보면 Example과 같이 보일까?

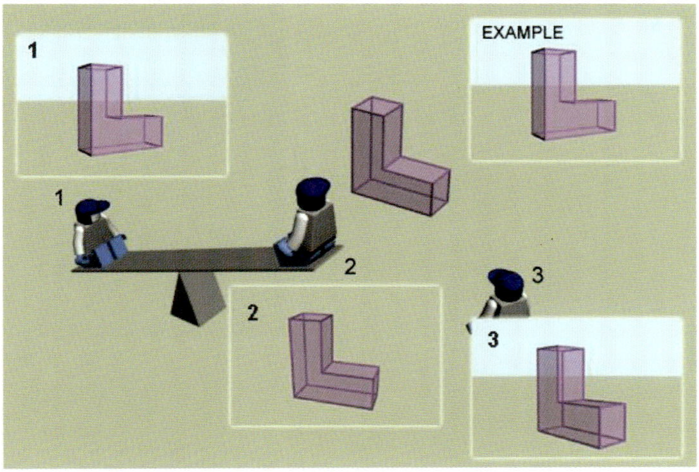

▸▸▸ 그림 2-10 (b) 보는 위치에 따라 다른 모습이 보인다.

1점, 2점, 3점 원근투시도

같은 물체라도 보는 눈에 대한 상대적인 방향에 따라 다르게 보인다. 정육면체는 3개의 주축이 있다. 이 세 주축 방향 중 1방향으로만 원근감이 나타나는 경우는 우리가 보는 방향이 나머지 두 주축 방향을 포함하는 면과 직각을 이룰 때이다. 정육면체의 1점 원근투시도가 그림 2-11에서 보여진다. 고궁의 복도를 따라 원근감이 나는 사진이 그림 2-12에 보여진다. 정육면체의 방향이 조금 돌아가서 3주축 중 1개의 축 방향과 보는 방향이 직각을 이룰 경우 나머지 2주축 방향으로 원근감이 나타난다. 정육면체의 2점 원근투시도가 그림 2-13에 보여진다. 큰 건물의 2주축 방향으로 소실점이 생긴 2점 원근투시도가 그림 2-14에 보여진다. 정육면체의 방향이 조금 더 바뀌어 모든 주축 방향으로 원근감이 나는 경우 3점 원근투시도가 만들어진다. 이 경우 수직방향에서도 원근감이 나타나게 되는데, 마치 정육면체의 물체를 Bird Eye's View로 본 경우의 예가 그림 2-15에 보여진다. 대형 건축물을 가까이서 올려다봤을 때도 그림 2-16에서와 같이 3점 원근투시도가 생겨난다.

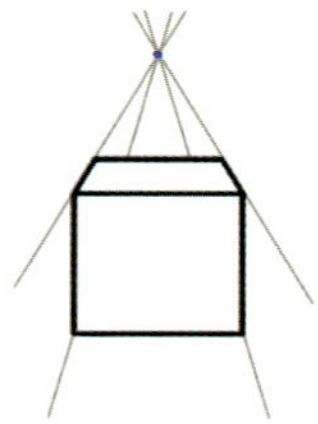

▸▸▸ 그림 2-11 정육면체의 1점 투시도

▸▸▸ 그림 2-12 1점 투시도 예

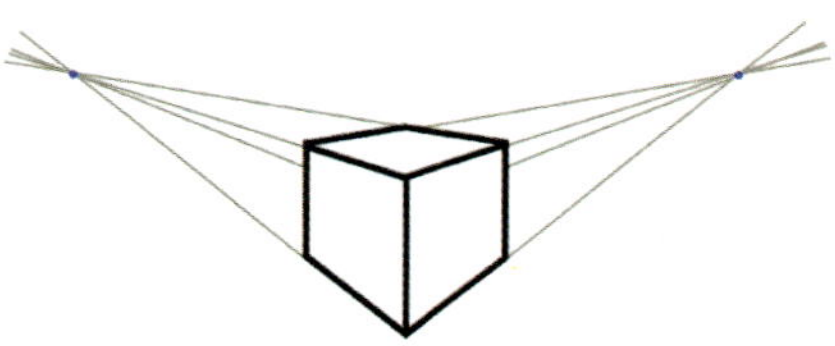

▸▸▸ 그림 2-13 정육면체의 2점 투시도

▸▸▸ 그림 2-14 2점 투시도 예

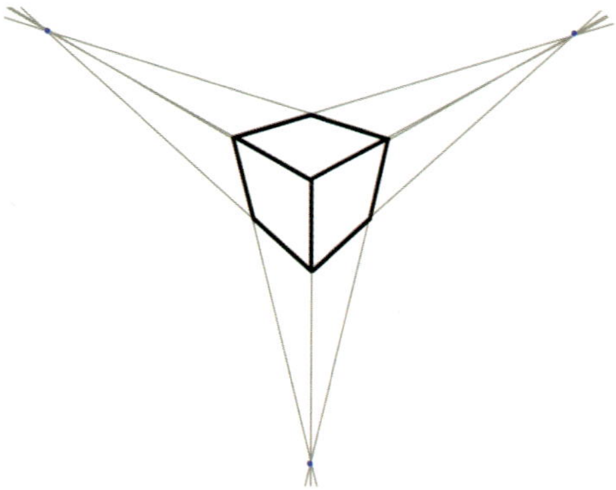

▸▸▸ 그림 2-15 정육면체의 3점 투시도

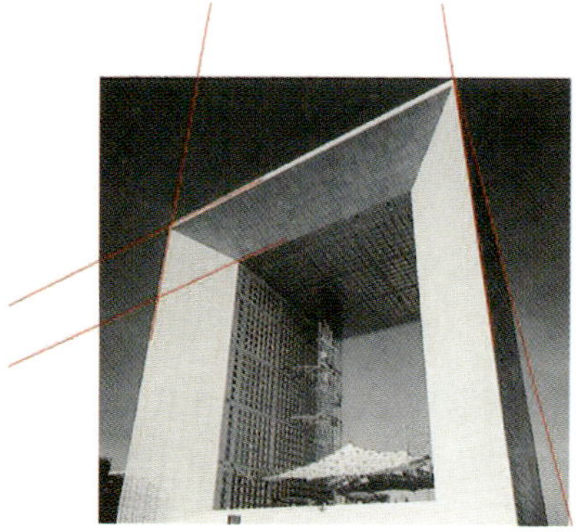

▸▸▸ 그림 2-16 3점 투시도 예

눈의 위치

앞서 설명한 바와 같이, 보는 방향과 물체의 방향의 상대적인 상황에 따라 원근감이 나타나는 방향이 다르게 되는데, 방향이 바뀌지 않고 눈의 위치가 변함에 따라 물체의 보이는 부분이 달라진다. 2점투시도로 그려진 그림 2-17의 경우, 정육면체와 보는 위치의 상대적 관계에 따라 정육면체의 모습이 달라진다. 맨 위의 경우, 눈의 높이가 정육면체보다 훨씬 높아 정육면체의 윗면이 잘 보인다. 가운데의 그림은 눈의 위치가 아래로 내려와 정육면체 가운데, 위 꼭지점보다 조금 낮은 높이인 경우로, 정육면체의 윗면은 보이지 않는다. 눈의 높이가 더 내려와 거의 바닥과 같은 경우가 맨 아래의 그림이다. 그림 2-18의 (a)의 경우, 눈은 트럭보다 높은 위치이다. 눈의 높이와 물체와의 상대적 관계는 지평선과 물체의 상대적 관계로 알 수 있다. 눈이 조금 내려와 트럭의 윗면과 비슷한 경우가 (b)의 경우이며, 눈이 거의 바닥으로 내려온 경우가 (c)의 경우이다. 2점 원근투시의 경우의 각각 다른 눈 높이에 대한 그림이 2-19에 보여진다.

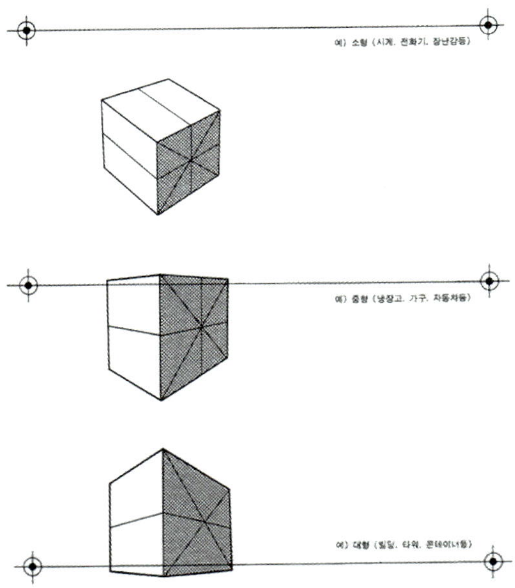

▸▸▸ 그림 2-17 눈의 높이(고영준, 송규락, 2004)

(a) (b) (c)

▸▸▸ 그림 2-18 1점 투시도에서 눈의 위치 변화

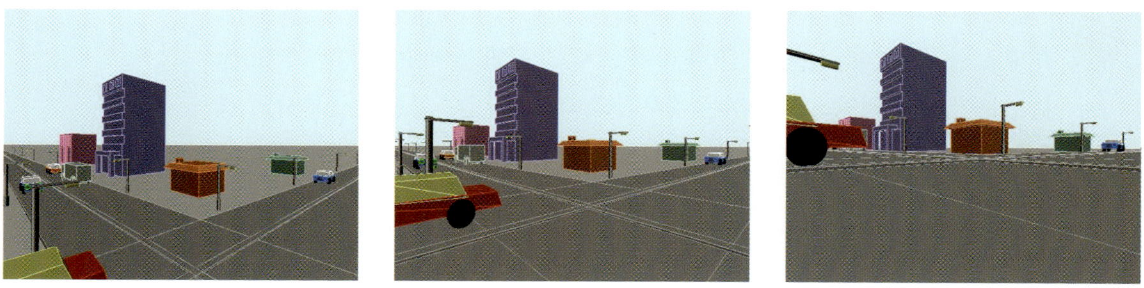

(a) (b) (c)

▸▸▸ 그림 2-19 2점 투시도에서 눈의 위치 변화

레고블럭을 이용한 보이는 대로 그리기 연습

원근투시법에 대한 이해를 바탕으로 그리기 연습을 해보자. 레고블럭은 앞서 이야기한 바와 같이 직육면체, 원통 등으로 구성되어 있다. 블록 조각을 어떻게 연결하느냐에 따라 다양한 형상이 만들어지는데, 이들은 모두 기본 형상들로 되어있다. 그리고 직육면체의 연결로 만들어지는 형상들이 레고블럭의 기본 가로, 세로, 높이의 연결로 크기가 만들어진다. 이러한 정형성과 다양성을 동시에 이용하여 좋은 그림 그리기 연습 대상이 된다. 강의실에서 손쉽게 종이와 연필, 그리고 레고블럭으로 그림 그리기 연습을 할 수 있다. 이러한 과정에서 학생들은 학생들마다 레고블럭 조립물체가 다 다르니 공평하지 않다고 생각할 수 있다. 그러나 이 같은 상황이 바로 모든 실제 디자인 문제의 상황이다. 학생들은 이 순간부터 디자인 문제의 본질을 스스로 경험하게 되는 것이다. 그림 2-20은 학생들의 레고블럭 스케치 연습 모습을 보여준다. 예를들어, 그림 2-21에 있는 블록을 보이는 대로 그려보자. 이와 유사한 레고의 학생 스케치 사례가 그림 2-22에 보여진다.

▸▸▸ 그림 2-20 레고블럭 이용 그리기 연습

▸▸▸ 그림 2-21 레고블럭 조합

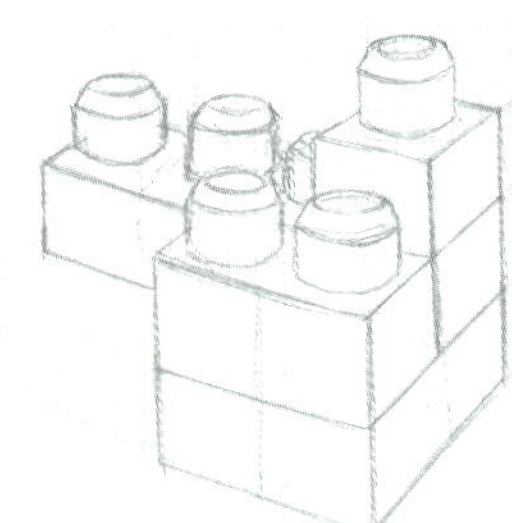

▸▸▸ 그림 2-22 레고블럭 조합 스케치

이어서 정육면체, 직육면체, 원통 등을 그림 2-23의 예시처럼 자유롭게 그려보자. 이에 앞서 점, 선, 면 등을 그리는 연습을 하고, 이후 연습해본 것을 토대로 다양한 입체도형들을 빠른 시간 안에 일정한 투시각도로 하여 그려보자. 보이는 대로 모사하여 그릴 수 있도록 입체도형의 그림을 그림 2-24에서와 같이 제공하고, 이들을 학생들이 직접 그려보도록 한다. 학생 스케치 사례는 다음 그림 2-25에 보여진다. 조금 더 복잡한 인공물을 보고 그리는 연습을 한다. 학생 스케치 사례는 그림 2-26에 보여진다.

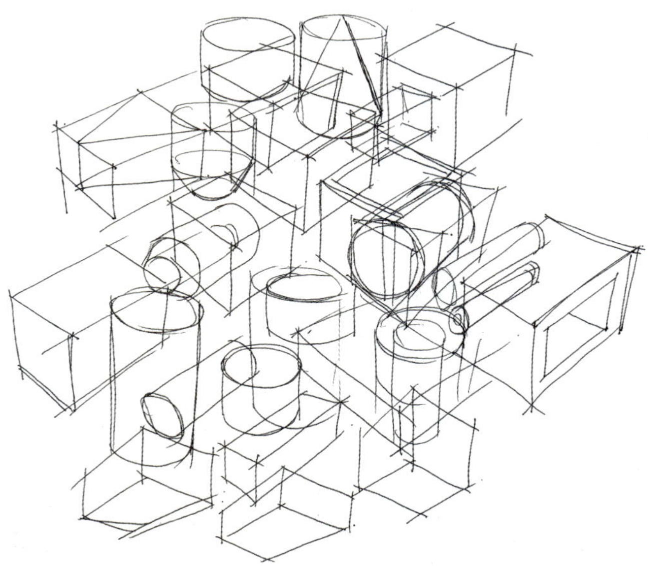

▸▸▸ 그림 2-23 기본 입체도형 그리기 연습

▸▸▸ 그림 2-24 입체도형들

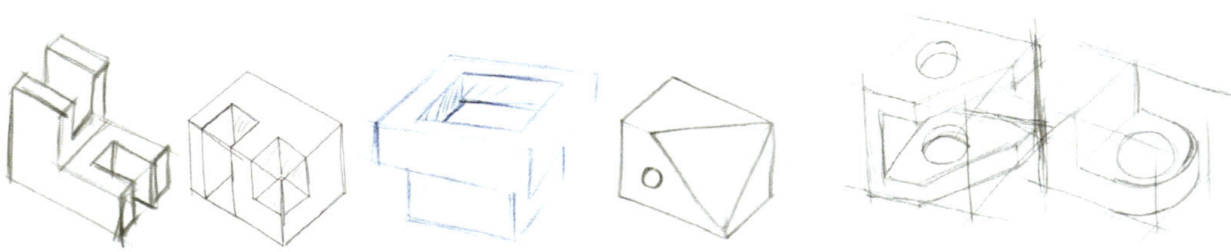

▸▸▸ 그림 2-25 입체도형 학생 스케치 사례

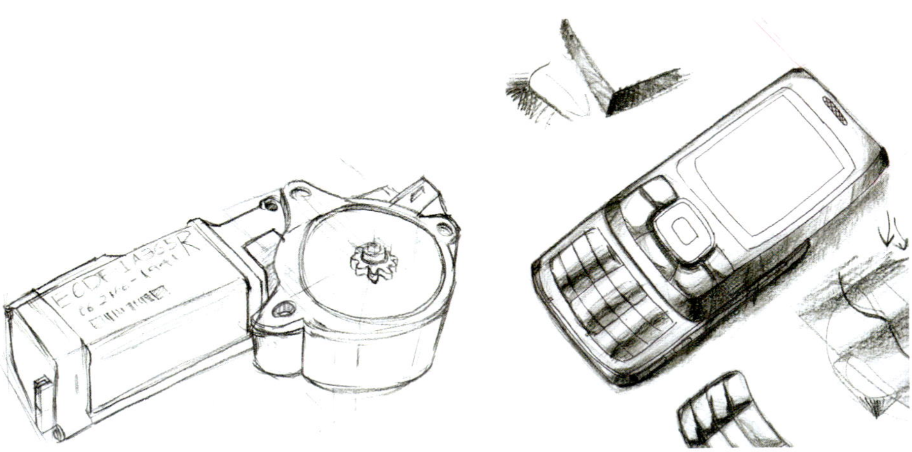

▸▸▸ 그림 2-26 인공물 학생 스케치 사례

보이는 대로 그리기에서 조금 벗어나기

보이는 대로 그리면 원근감이 있게 된다. 물론 작은 물체의 경우 원근감이 떨어지게 되기는 하지만, 물체의 각 부분의 상대적 위치와 방향에 따라 다른 모습이 나온다. 이와 같은 그림은 사실적이다. 실제 물체의 크기 등을 컨트롤하는 데 편리성을 증가하기 위해, 특정한 규칙을 이용하여 보이는 그대로가 아닌 방법으로 그리는 방법이 이용된다. 원근감이 없다고 가정하고 그리는 경우가 등각투시법이다. 3차원 물체의 3주축 방향으로 모두 같은 척도가 이용되는 경우로 그림 2-27의 입체도가 등각투시법으로 그린 예이다. 이 물체를 3주축 방향에서 본 그림이 정면도(Front View), 평면도(Top View) 그리고 측면도(Side View)이다.

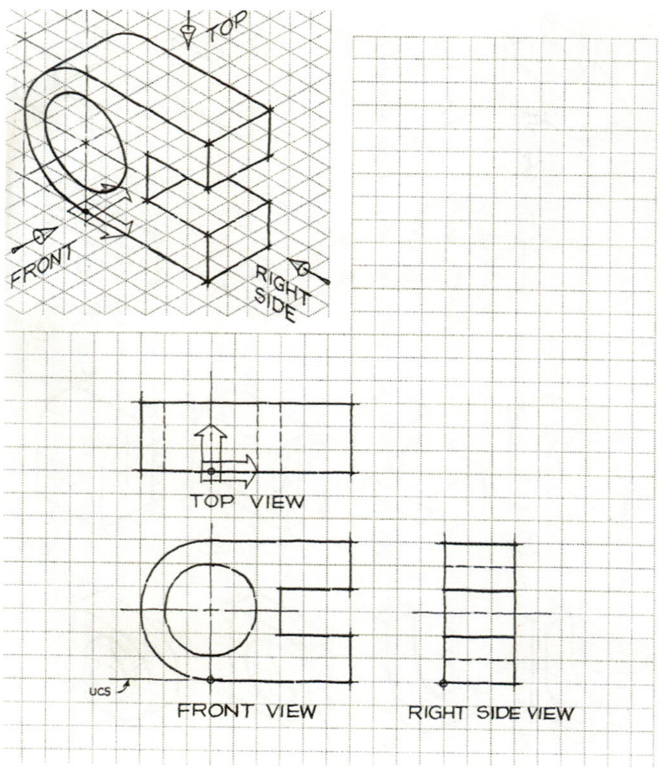

▸▸▸ 그림 2-27 등각투시 입체도 및 정면도, 평면도, 우측면도

그림 2-27에 있는 정면도와 평면도에서는 각 물체의 형상요소들이 가로축의 관점에서 볼 때 일치한다. 예를 들어, 구멍의 중심의 위치는 정면도와 평면도에서 같은 가로축의 위치에 맞추어진다. 물체의 오른쪽 끝 면도 가로축상에서 정면도와 평면도가 일치한다. 정면도와 측면도 사이에는 같은 형상요소가 세로축상에서 일치성을 보인다. 물체 오른쪽에 있는 슬롯의 경우, 정면도와 우측면도에서 같은 높이에 서로 일치하는 형상요소가 있음을 알 수 있다.

등각투시법 및 직교투시법을 이해한 후에 실제 사물을 스케치하는 연습을 해보자. 자연물과 인공물을 각각, 정면, 평면, 측면도, 전체를 간단히 표현하는 블록 스케치 및 전체 입체도를 그려본다. 예를 들어, 인공물인 카메라의 정면, 평면 및 우측면의 스케치, 그리고 간단한 직육면체로 구성한 간단 스케치, 이들이 조금씩 구체화된 단계 그리고 다른 각도에서 본 입체 그림 등의 예시가 그림 2-28에 있다. 자연물을 그린 학생의 스케치 예시 등은 그림 2-29에 있다.

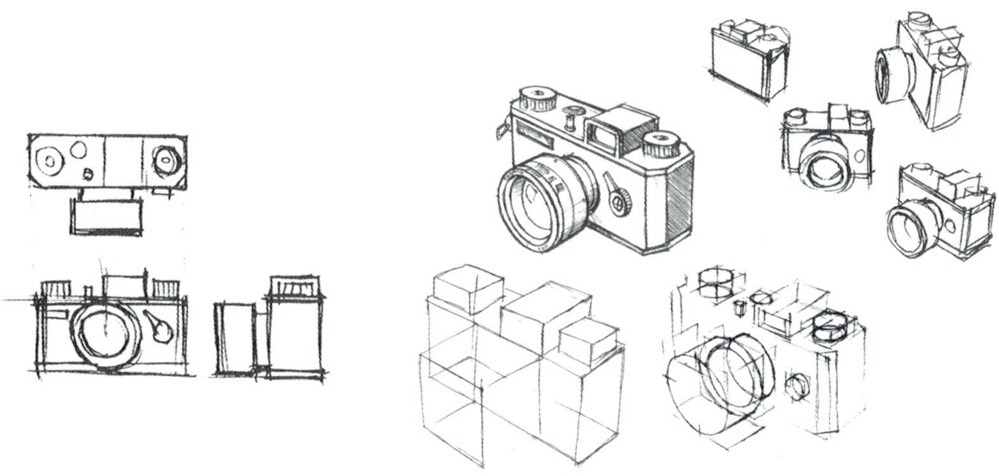

▸▸▸ 그림 2-28 카메라의 스케치(McKim, 1972)

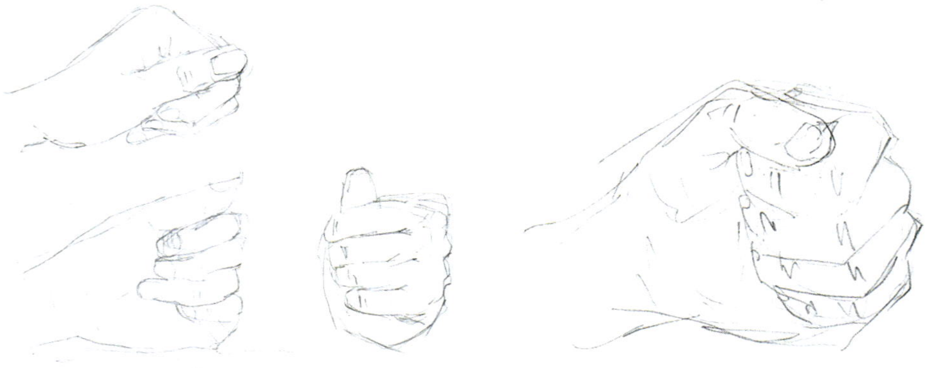

▸▸▸ 그림 2-29 자연물 스케치

2. 시각적 추론

그 동안 많은 디자인 연구자들은 시각적 추론 과정이 디자인 창의성과 상호 연관 있는 프로세스임을 연구해 왔다. Stanford 대학의 McKim 교수는 디자인 아이디어 생성 과정을 Seeing, Imagining, Drawing의 순환적 연속과정으로 설명하였다(McKim, 1972). McKim 교수는 디자인과정이 주어진 문제를 분석하는 Seeing, 머리 속에서 새로운 것을 합성해 내는 Imagining, 합성된 결과물을 표현하는 Drawing, 다시 표현된 그림을 분석하는 Seeing, 이를 바탕으로 디자인을 개선하는 Imagining, 그리고 다시 이 결과를 Drawing으로 표현하고, 이를 다시 검토하는 Seeing 등으로 이루어지고, 이와 같은 반복적인 활동을 통해 디자인과정이 진행된다고 설명하였다. McKim의 Seeing-Imagining-Drawing의 디자인과정이 그림 2-30에 보여진다. 이 과정은 이후에 Schön이 언급한 seeing-moving-seeing의 과정과도 일맥 상통하는 개념이다(Schön, 1983). McKim의 Design Ideation 프로세스의 Seeing을 Visual Analysis, Imagining을 Visual Synthesis, Drawing을 Modeling으로 확장하여 시각적 추론(Visual Reasoning) 프로세스를 정의한다.

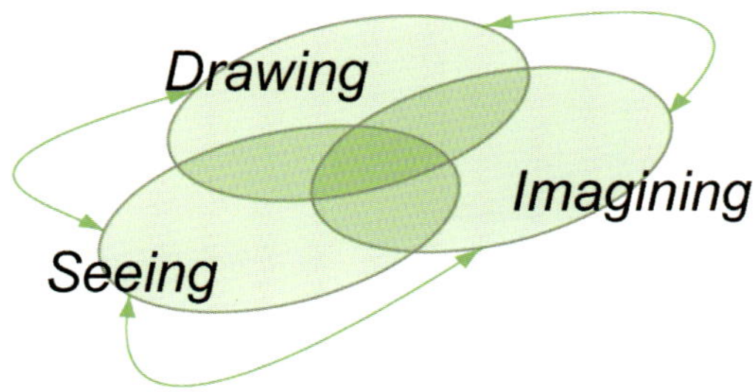

▸▸▸ 그림 2-30 Seeing-Imagining-Drawing(McKim, 1972)

대표적인 시각적 추론 과정은 기계제도 교육 등에서 이용해오던 Missing View 문제로 잘 설명될 수 있다. 예를 들어, 3차원 물체의 정면도와 평면도를 제시하고, 이들이 제공하는 제약조건을 만족하는 3차원 물체를 시각적으로 추론하는 문제이다. 예로 그림 2-31에 있는 Missing View 문제를 생각해보자. 주어진 정면도와 평면도를 보고, 이를 만족하는 3차원 물체를 머릿속에 떠올려보고, 그 물체를 그림으로 그려보자. 그리고 자기가 그린 물체가 과연 정면도, 평면도를 만족하는지를 다시 분석하게 된다. 그리고 미진한 부분을 다시 머릿속에서 보완하여 이 부분을 그림에서 수정하고, 이제는 제약조건을 만족하는지를 다시 점검하는 과정을 계속 되풀이해 가면 점점 더 완성되는 3차원 물체를 그려내게 된다. 이처럼 Missing View 문제는 Design Ideation 프로세스에 필요한 Seeing-Imagining-Drawing, 즉 Visual Analysis-Visual Synthesis-Modeling을 습득하는 좋은 비디자인 문제라고 할 수 있다. 결국 Design Ideation에 필요한 인지적 기반 과정을 습득하고 발전시킬 수 있는 기회를 제공해 준다. Missing View 문제를 해결하는 능력과 개념 디자인을 수행하는 능력이 밀접한 연계가 있음을 Creative Design Institute 연구진이 밝혀내었다(Kim et al., 2005). 이와 같은 시각적 추론 능력에 있어서 학생들마다 많은 개인차가 있음을 고려하여, 컴퓨터 기반 학습자 적응형 교육 시스템이 개발되고 있다(Kim & Wang, 2009).

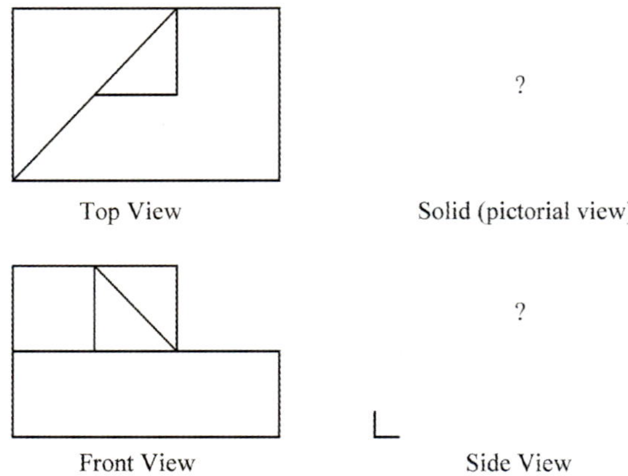

▸▸▸ 그림 2-31 Missing View 문제

시각적 추론 모델

기본적으로 추론이라는 과정은 우리가 가진 정보를 바탕으로 새로운 것을 이끌어내는 과정을 말한다. Tversky(2005)에 따르면 이렇게 주어진 정보로부터 새로운 것을 이끌어내는 과정에는 두 가지 방법이 있다. 즉, 주어진 정보를 어떤 규칙에 따라 전환하거나, 그 정보로부터 추리를 만들어내는 것이다. 시각적 추론에 있어서의 기본 정보는 디자이너의 스케치와 같은 시각 정보가 될 것이고, 이를 바탕으로 전환이나 추리를 만들어내기 위해서는 시각 정보에 대한 관찰과 해석이 이루어져야 할 것이다. 이러한 과정을 거쳐 얻어진 새로운 산물을 확인하기 위해서는 외형화하여 표현하는 작업이 필요하다. 이러한 시각적 추론 과정이 바로 McKim이 언급한 Seeing-Imagining-Drawing로 정리될 수 있다. 성균관대 Creative Design Institute에서는 이러한 시각적 추론의 기본적인 세 가지 단계의 프로세스를 각각 2~3개의 요소로 세분화시켜 시각적 추론 모델을 구축하였다. Creative Design Institute에서 개발된 시각적 추론 모델을 그림 2-32에 제시하였다.

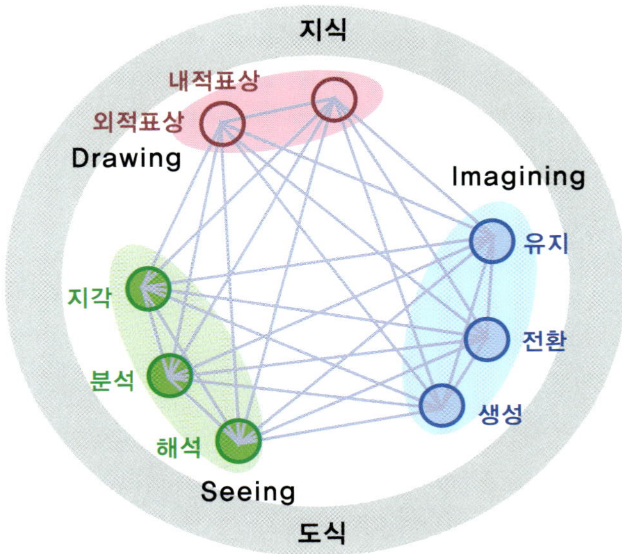

▸▸▸ 그림 2-32 시각적 추론 모델

Seeing(보기)

우리가 본다는 것은 많은 것을 의미한다. 우리가 무언가를 지각할 때는 우리가 생각하는 것 이상으로 많은 것을 보게 된다. 게스탈트 심리학자들이 이야기해 왔던 것처럼 합은 부분의 합 이상을 의미한다. 즉, 우리는 사물이 있는 그 자체를 보는 것이 아니라, 우리가 그것을 해석한 대로 본다는 것이다. 우리는 우리가 의식하지 못하는 순간에도 사물들의 배열에서 어떤 패턴으로 보게 되거나 의미 없는 자극들에 해석을 부여하게 된다. 따라서 보기의 과정에는 어떤 사물을 지각하는 것에서부터 그것이 무엇인지 파악하는 과정, 그것을 분해하거나 재배열하여 다시 보는 과정, 그리고 우리 머리 속의 기억들과 연관지어 그것을 새롭게 해석하는 과정까지 포함된다. 시각적 추론 모델에서는 이러한 다양한 보기의 관점들을 지각, 분석, 해석의 요소로 분류하여 설명하였다.

지각(Perception)

지각의 단계는 시각 정보를 감각기관을 통하여 받아들이는 것부터 그것이 무엇인지 명명하는 단계까지를 이른다. 지각 단계에서는 시각 자극을 이루고 있는 기초적인 요소를 파악하는 것, 그 요소들의 구성을 보고 그 시각 자극을 재인하는 것이 일어나게 된다.

분석(Analysis)

지각된 시각 정보를 기반으로 재인의 단계를 넘어 그 시각 자극이 어떤 식으로 구성되어 있는지 파악하는 단계가 바로 분석 단계이다. 즉, 기초 요소들의 관계들을 관찰하여, 그 시각 정보의 특징을 탐색하는 단계라고 볼 수 있다. 시각적 추론에서 적절한 특징 요소들을 뽑아낼 수 있는 능력은 중요하게 여겨진다. 이러한 과정을 토대로 새로운 해석이 일어날 수 있기 때문이다. 분석에서는 기초 요소들의 관계를 관찰하고 시각 정보의 특징을 탐색하는 과정이 일어난다.

해석(Interpretation)

해석은 시각 정보의 새로운 관계를 찾아내는 과정이다. 지각과 분석의 단계가 객관적인 정보를 탐색하는 과정이었다면, 해석은 디자이너의 기억과 인지를 통한 창의적인 통찰이 필요한 주관적인 단계이다. 예를 들어, 지각된 사물이 갑자기 배경으로 보인다거나, 토끼의 그림이 오리의 그림으로 갑자기 변화되어 보일 때, 해석의 과정이 일어났다고 볼 수 있다. 각각의 사람들은 서로 다른 기억과 인지 구조를 가지고 있기 때문에 같은 시각 자극에서도 서로 다른 해석을 할 수 있다. 이렇게 분석된 시각 자극의 요소들을 새로운 것으로 인식할 수 있는 능력이 시각적 추론에서 필요하다. 해석의 단계에서는 범주화, 지각된 사물에 새로운 의미를 부여하는 것 등이 일어나게 된다.

Imagining(상상하기)

상상하기 과정은 새로운 것을 창출해내기 위한 지각된 정보와 개념적 정보의 합성의 과정이다. 심상(Imagery)의 과정에는 이미지 생성, 탐색, 유지, 및 전환 등이 있다(Kosslyn, 1995). Kosslyn이 제시한 이미지에 대한 특성들은 상상하기에서 다양한 프로세스가 존재할 수 있다는 것을 시사한다. 시각적 추론의 관점에서 이러한 이미지 특성들을 상상하기의 프로세스로 분류하여 제시할 수 있다. 이미지 생성과 전환은 설계 프로세스의 과정이며, 창의적인 설계 프로세스에 중요한 프로세스라고 할 수 있다(Kavakli & Gero, 2002). 시각적 추론 모델에서는 상상하기 프로세스를 생성, 전환, 그리고 유지의 요소로 분류하였다.

생성(Generation)

생성의 과정은 두 가지 방법에 따라 일어나게 된다. 바로 시각 자극에 기반한 정보로부터 이루어지거나, 장기 기억에 저장된 지식의 활성화에 의해 일어나게 된다. 예를 들어, 실제 존재하는 의자를 보고 우리는 의자를 떠올려보거나, 기억 속에 있는 의자를 생각하면서 의자를 떠올려볼 수 있다.

전환(Transformation)

생성된 이미지는 새로운 것으로 탈바꿈하기 위해 전환의 과정을 거쳐야 한다. 전환의 과정에서는 단순히 이미지 회전과 같은 전환이 일어날 수도 있고, 패턴이 변화되는 전환이 일어날 수도 있다. 물체를 보고 이 물체가 90° 회전하였을 때 보일 모습을 머리에 떠올리는 회전이나 물체 또는 물체의 일부분의 크기가 커지거나 작아지는 등의 크기 변화와 같은 물리적 지각과 유사한 의미로서의 제한된 의미의 전환이 있으며, 패턴의 변화를 통해 전혀 다른 이미지가 되는 전환이 존재한다. 따라서 시각적 추론 모델에서는 이 두 가지 종류의 전환의 개념을 모두 포함하고 있다.

유지(Maintenance)

전환된 이미지는 내적 표상으로 표현되어 유지될 수 있다. 유지의 단계 또한 시각적 추론의 과정에서 중요하다. 전환된 생성물들이 항상 시각적 추론의 다음 단계에서 사용되지 않을 수 있기 때문이다. 새롭게 만들어진 이미지나 아이디어들은 의식적으로든 무의식적으로든 사용될 때까지 작업 기억 속에 저장된다. 전문적인 디자이너일수록 이러한 유지 단계에서의 기억들을 더 잘 저장할 수 있으며, 필요한 시기에 잘 인출할 수 있다. 또한 이러한 유지의 과정을 통해 부화 효과(incubation effect)를 누릴 수 있다. 디자이너가 설계 과정에서 접하는 수많은 시각 정보들로부터 바로 정답을 이끌어내는 경우는 극히 드문데, 이럴 때 디자이너가 다른 이슈로 초점을 맞추게 되면 다시 처음의 이슈로 돌아왔을 때 기존의 고정되어 있던 시각에서 탈피하여 새로운 시각에서 정보를 받아들이게 되고 더 좋은 결과물을 생성해낼 수가 있다. 설계 과정에서 디자이너가 한 이슈에만 고정되어 있을 때보다 다른 이슈들에 접근하면서 문제를 해결하는 것이 좋은 인지 전략임이 밝혀진 바 있으며 이는 부화효과를 이용하기 위한 전략이라 할 수 있다(Kim et al., 2007).

Drawing(그리기)

그리기는 단순히 무언가를 스케치한다는 것 이상의 의미를 지니고 있다. 그리기 단계는 상상하기를 통해 생성된 산물의 점검 과정을 위해 표현하는 과정이다. 이러한 표현화 과정은 내적으로 이루어지거나 외적으로 이루어질 수 있다.

내적 표상(Internal Representation)

내적 표상은 상상하기 과정의 산물이 내적인 심상으로 표상되는 단계이다. 내적 표상을 통해서 우리는 그 산물을 지각하고, 분석하고, 해석할 수 있다. 이때 그리기의 내적 표상 단계와 보기 단계가 동시에 일어나게 된다.

외적 표상(External Representation)

외적 표상은 외형적인 기억 저장소로서의 역할을 한다. 디자이너는 설계 과정에서 남겨진 외적 표상을 통해 이전에 만들어진 산물을 재탐색할 수 있다. 내적 표상에서 외적 표상으로 표현되는 과정에서도 이미지 생성 및 전환의 과정이 일어나게 되며, 이 때문에 그리기가 시각적 추론의 중요한 단계가 된다. 이런 식으로 스케치는 시각적 추론을 촉진시킨다. 외적 표상의 단계는 모든 종류의 외형화 작업, 즉 스케치뿐 아니라 글 쓰기, 모형 만들기 등의 작업들이 포함된다.

지식과 도식

지식(Knowledge)과 도식(Schema)은 시각적 추론의 각 단계들과 상호작용한다. Schön(1983)이 언급한 바와 같이 설계 문제에 대한 정보, 이미지 정보 등과 같은 실질적인 지식들이 시각추론의 과정에 영향을 미친다(Schön, 1983). 즉, 장기기억으로부터의 시각적 정보들에 대한 지식이 시각 자극과 기억 구조 사이의 단서가 되어 보기 과정에서의 중요한 역할을 하게 된다. 또한 장기기억으로부터 인출된 시각 정보를 다루는 도식은 시각 정보로부터 특징을 잡아내는 규칙 역할을 하게 되고, 이를 통해 시각 정보가 재조직되어 새로운 형상으로 변형되는 상상하기 단계를 거치게 된다. 예를 들어, 평면도와 정면도의 경우 가로축 방향의 일치함이 있어야 한다는 규칙 등이 여기서 이야기하는 도식의 일종이다. 기본적인 이미지 구조에 대한 도식을 가지고 어떤 방법으로 이미지 생성물을 변형시키고 재구성하는지를 아는 것이 중요하다. 또한 그리기의 순서나 방법은 디자이너의 그리기 도식에 따라 다양할 수 있으며, 이에 따라 다른 시각적 추론이 야기될 수 있다. 따라서 지식과 도식 또한 시각적 추론 과정의 중요한 요소가 된다.

시각적 추론 모델의 특성

앞 부분에서 시각적 추론 모델이 마치 각 단계별로 연차적으로 일어나는 것으로 소개되었으나, 이는 편의상 순서적으로 설명했을 뿐이다. 이와는 달리 시각적 추론 모델의 각 8가지 요소들의 단계는 분리되어 단계별로 일어나는 것이 아니라 다양한 순서로 일어나며, 동시에 일어나기도 한다. 따라서 이 모델을 통해서 우리는 다양한 설계 프로세스의 순서 패턴을 확인해 볼 수 있다. 설계 프로세스의 순서 패턴은 디자이너들의 특성에 따라 달라질 수 있을 것이며, 주어진 설계 과제에 따라서도 달라질 것이다. 시각적 추론 모델을 통해 디자이너의 특성과 설계 과제 특성을 이해할 수 있게 된다.

시각적 추론 모델을 통한 과제 분석

효과적인 설계 교육 프로그램을 개발하기 위해서는 관련된 과제의 특성을 파악하는 것이 필요하다. 과제의 특성이 파악되면, 학생들의 그 과제 수행 정도에 따라 부족한 요소가 무엇인지 알아낼 수가 있고, 과제 훈련에 따라 그 부족한 요소를 충족시킬 수 있기 때문이다. 설계능력과 연계성 있는 과제로서 Missing view problem 과제와 Mental synthesis 과제를 비교하고자 한다. Missing view problem 과제는 대표적인 시각적 추론 과제로서, 이 과제는 설계 창의성과 관련 있음이 입증되어 왔다(Kim et al., 2005). Mental synthesis 과제는 설계 창의성의 인지적 특성을 밝힐 목적에서 Finke(1995)에 의해 개발된 과제로서, 설계 사고력과 깊은 관련이 있다. Missing view problem 과제는 앞서 설명한 바와 같이 주어진 두 개의 2차원 평면도를 분석하여 3차원의 입체도형으로 그리도록 하는 문제로서, 시각적 추론 과정을 기반으로 과제를 수행해야 하는 문제이다. Mental synthesis 과제는 주어진 물체들을 가지고 새로운 형상을 머릿속에서 합성하여 만들게 한 뒤, 그림으로 표현하게 하는 과정을 포함하고 있다. 따라서 이 과제에서도 보기, 상상하기, 그리기의 시각적 추론 과정이 나타나게 된다.

Missing view problem 과제

Missing view problem 과제에서 주어진 2차원 평면도를 분석하여, 3차원 입체도형을 완성하기까지 도출될 수 있는 기본적인 시각적 추론의 과정을 살펴보면 다음과 같다.

- 지각과 분석의 과정을 통해서 두 개의 제시된 평면도 간의 연결할 수 있는 특징이 되는 부분 모색하기(지각/분석)
- 기하학적인 형태의 솔루션 이미지를 생성하기(생성)
- 2차원 평면도를 3차원으로 전환하기(전환)
- 생성과 전환의 과정을 거쳐 만들어진 형태 이미지를 머릿속의 표상으로 남기거나, 스케치를 통해 외형적으로 표상화하기(내적 표상 또는 외적 표상)
- 주어진 평면도와 표상으로 남은 형태 이미지를 보고 분석하면서 비교하고, 새로운 기하학적 특성을 발견하기(분석/해석)
- 새로운 해석을 근거로 현재의 형태 이미지를 전환하기(전환)
- 전환된 형태 이미지를 스케치하기(외적 표상)
- 만들어진 3차원 도형을 내적 심상 회전을 통해 2차원 평면도와 맞는지 점검하기(전환/내적 표상/분석)

Missing view problem 시각적 추론 예시

실제 학생이 다음의 missing view problem을 그림 2-33에서와 같은 단계로 해결하고자 시도하였다. 실제 학생이 missing view problem 과제를 수행한 과정을 시각적 추론 모델의 8가지 요소로 규명하여 표 2-1에 제시하였다. 시각적 추론 모델을 사용하여 각 과제를 분석하기 위해서 학생이 과제를 수행할 때 사고하는 과정을 말로 표현하게 하여(Think aloud 기법) 녹취하고, 모든 스케치 과정을 녹화하였다. 표 2-1의 예시를 통해 실제 과제 수행과정에서 시각적 추론의 과정이 어떻게 진행되었는지를 구체적으로 살펴볼 수 있다. 학생은 처음 21초와

51초 사이에서 주어진 2개의 평면도를 비교하면서 분석하기 시작했다(지각/분석). 그리고 나서 연결된 부분들을 찾음으로써 2개의 평면도로부터 큰 직육면체가 있음을 발견했다(해석). 이 과정에서 내적 표상화를 통해 2차원에서 3차원의 도형을 만들어냈음을 알 수 있다(전환/내적 표상). 그리고 학생은 3차원 직육면체를 스케치하였다(전환/외적 표상). 이 결과가 그림 2-33의 (1)에 해당한다. 그러고 나서 58초 이후의 과정을 보면, 학생은 2차원에서 3차원으로의 전환 없이 2차원의 평면도에 있는 선을 보고(지각/분석) 똑같이 따라서 표시해 두었는데, 이것은 생성의 과정으로 볼 수 있다(생성). 이 부분이 각각 그림 2-33의 (2), (3)

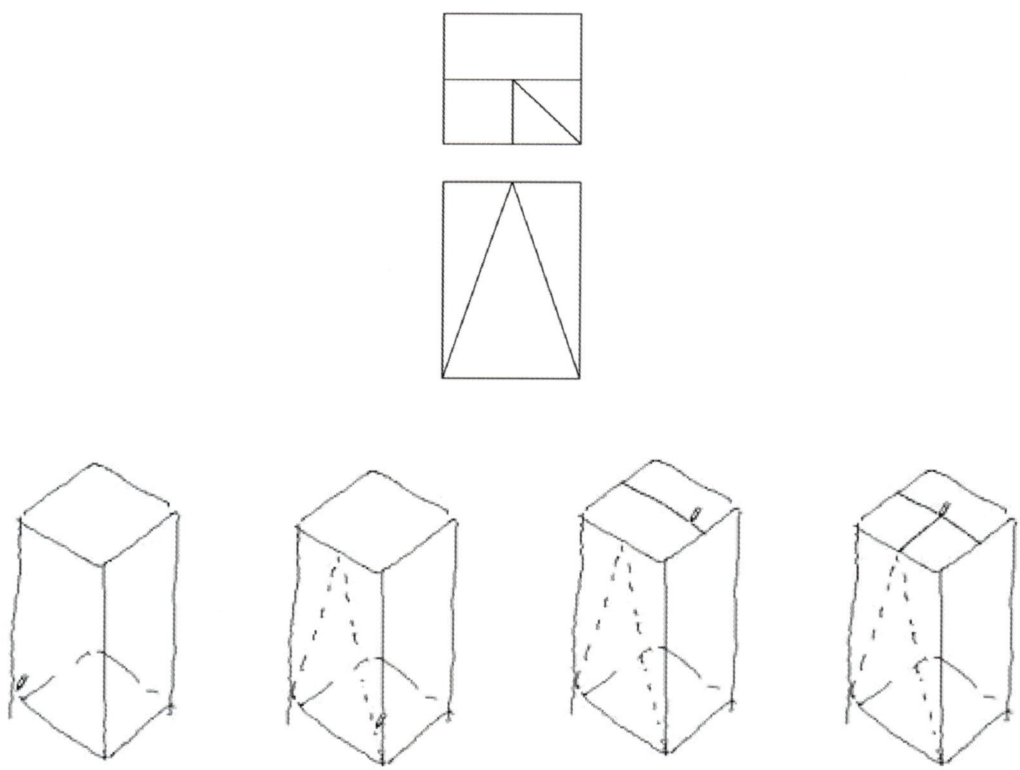

(1) (2) (3) (4)

▸▸▸ 그림 2-33 Missing view problem 시각적 추론과정 예시

에 해당한다. 그리고 3차원 입체 도형에서 표시해 둔 선이 어떻게 연결되는지 해석하여 전환하는 과정을 거쳐 외형적으로 표상화하였다(해석/전환/외적 표상). 이 부분이 그림 2-33의 (4)에 해당한다.

▸▸▸ 표 2-1 Missing view problem 과제에서 학생의 프로토콜 데이터 예시

시각적 추론 모델 요소			지속 시간		추론과정 설명내용
지각			00:21:03	00:29:14	처음에 평면도를 보며는…
분석			00:30:00	00:33:09	평면도와 정면도에서…
해석	전환		00:33:09	00:39:09	전반적으로… 내 생각에 큰 직육면체가 존재하겠네.
	전환	내적표상	00:39:10	00:47:07	먼저 이것을 그려보자. (1)
	전환	외적표상	00:47:07	00:51:04	(직육면체를 스케치함)
분석			00:58:03	01:03:12	정면도에서 보면 여기 큰 삼각형이 있어.
	생성	외적표상	01:03:12	01:10:07	일단 이것을 점선으로 표시해 보자. (2)
지각			01:10:08	01:16:12	평면도에서 보면
분석			01:16:13	01:22:05	여기 이 선에 의해서 나눠져 있네.
	생성	외적표상	01:22:06	01:25:02	이것을 확실히 표시해 둬야겠다. (3)
분석			01:25:03	01:30:02	여기에 선이 하나 더 있어.
해석	전환	외적표상	01:30:02	01:35:06	삼각형의 꼭지점으로 연결해서 그려보자. (4)

Mental synthesis 과제

Mental synthesis 과제는 15개의 물체들을 기억하고, 눈을 감은 상태에서 15개 중 제시되는 3개의 물체를 사용하여 주어진 범주 안에서 의미 있고 유용한 사물을 만든다. 처음 2분 동안에는 눈을 감은 상태에서 제시되는 3개의 물체를 가지고 머릿속에서만 새로운 형상을 만든다. 그리고 다음 6분 동안 머릿속에서 만든 형상을 스케치하고, 정교하게 표현하면서 만들어진 사물이 어떻게 기능하고, 사용될 수 있는지 자세히 서술한다. Mental synthesis 과제는 두 개의 섹션으로 이루어져 있다. 첫 번째 섹션에서는 주어진 범주가 계속 동일하게 적용되지만, 두 번째 섹션에서는 스케치 과정 이후에 주어진 범주가 다르게 제시된다. 따라서 과제 참여자들은 두 번째 섹션에서 스케치 이후에 달라진 범주에 맞도록 자신이 만든 사물에 대해서 다르게 서술하여야 한다. Mental synthesis 과제에서 제시되는 15가지 물체는 그림 2-34에서 보는 바와 같다. 학생들이 직접 도출한 답안의 예시는 그림 2-35에 제시하였다. 그림 2-35의 예시는 첫 번째 섹션에서 핸들, 평면사각형, 반구를 이용하여 가정용품을 만드는 것이었고, 두 번째 섹션에서 구, 원기둥, 튜브를 이용하여 운송수단을 만들고, 스케치 이후에 장난감과 게임 범주 안에서 새롭게 해석하도록 하였다.

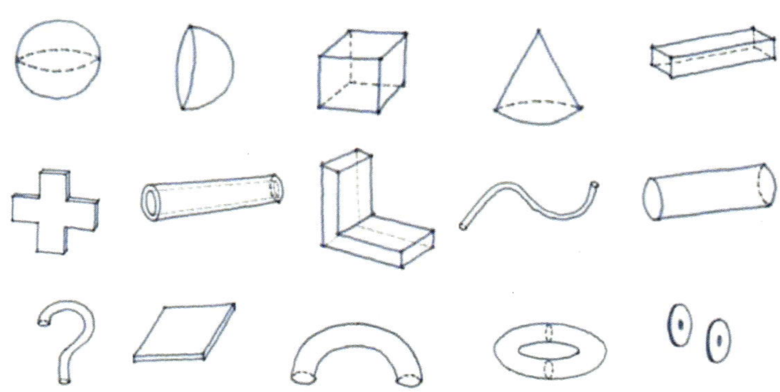

▸▸▸ 그림 2-34 Mental synthesis 과제에서 사용된 15가지 물체

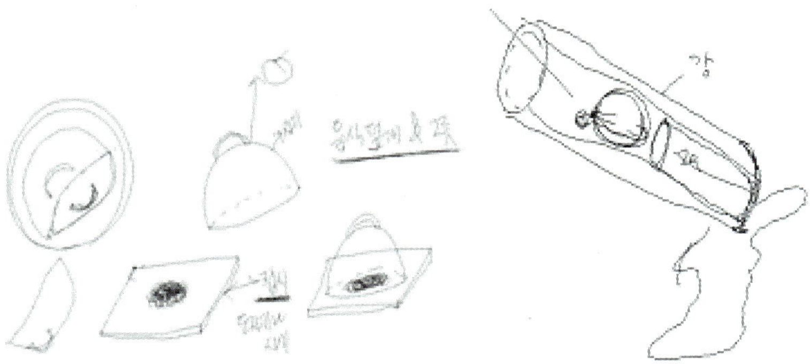

▸▸▸ 그림 2-35 Mental synthesis 과제에서 학생들의 답안 예시

Mental synthesis 과제에서 주어진 3개의 물체를 사용하여 유용한 산물을 형성하기까지 기본적인 시각적 추론과정을 살펴보면 다음과 같다.

- 주어진 3개의 물체를 생성하여, 내적으로 표상화하기(생성/내적 표상)
- 표상화된 물체를 보고, 중요한 요소들의 특징을 추출하기(지각/분석)
- 주어진 각각의 물체들에 재질이나 색깔을 부여함으로써 새로운 물체로 해석하기(해석)
- 물체들의 위치를 변형하고, 물체들을 결합함으로써 새로운 산물을 만들어내기(전환)
- 처음 2분 동안에 계속 눈을 감은 채로 내적인 표상들을 유지하기(유지/내적 표상)
- 2분 후에 머릿속에서 형성한 산물을 스케치하기(외적 표상)
- 스케치하면서 형성했던 산물을 더 정교화하고, 새로운 가치를 부여하기(전환/해석)
- 두 번째 섹션에서 범주화가 바뀌었을 때 전혀 다른 관점에서 만들어진 산물을 해석하기(해석)
- 바뀌어진 범주에 맞게 만들어진 산물의 재질, 사용 방법, 기능 등을 전환하기(전환)

실제 학생이 mental synthesis 과제를 수행한 과정을 시각적 추론 모델의 8가지 요소로 규명하여 표 2-2에 제시하였다. 표 2-2의 예시를 통해 실제 과제 수행 과정에서 시각적 추론의 과정이 어떻게 진행되었는지를 구체적으로 살펴볼 수 있다. 학생은 처음 눈을 감고 수행하는 2분 동안의 과정에서 주어진 물체를 머릿속에 생성하여 내적 표상화하였다(생성/내적표상). 그리고 그 물체를 지각하고 특성을 분석하였다(지각/분석). 주어진 운송수단이라는 범주의 특성을 이해하고(해석), 타이어를 제시하였다(생성). 그리고 학생은 제시했던 타이어 대신 케이블카를 생각해내었다(전환). 이 과정은 모두 스케치 없이 눈을 감고 진행

▸▸▸ 표 2-2 Mental synthesis 과제에서 학생의 프로토콜 데이터 예시

시각적 추론 모델 요소			지속 시간		추론과정 설명내용
지각	생성	내적표상	00:18:02	00:25:13	음… 원기둥이 있고…
분석		내적표상	00:25:14	00:29:13	가장 적절한 거는… 원기둥 밑부분에는 음… 수용할 만한 그런 게 없으니까…
해석		내적표상	00:29:14	00:35:07	튜브로 하는 게 맞을 거 같고…
해석			00:35:07	00:42:09	이게 운송수단이니까… 운송수단은 편리성을 갖추어야 하니까…
	생성	내적표상	00:42:09	00:45:04	여기에 타이어 같은 것을 붙이는 게 좋겠다.
	전환	내적표상	00:45:04	00:58:07	타이어가 꼭 필요한 건 아니지… 케이블카처럼… 여기에 줄을 달고…
분석			04:30:03	04:43:03	장난감과 게임의 범주니까, 이게 더 활발히 움직이게 되는 거면 괜찮을 거 같다.
지각			04:43:03	04:45:01	그러니깐 승객이 탑승하는 이 부분을…
해석	전환	내적표상	04:45:02	04:53:06	회전시키는 부분을 바꾸면 좋겠다. 위아래로, 양 옆으로…
해석	전환	외적표상	04:53:06	05:12:07	이 튜브 모양이 자유롭게 돌아가는 거야.
해석	전환	외적표상	05:12:07	05:21:09	돌아가면서 이 튜브 안에 불빛이 비치면 괜찮겠다.
	전환	내적표상	05:21:09	05:34:01	이 원기둥이 튜브를 이렇게 지지하고…

된 부분이었지만, 학생의 프로토콜을 통해 시각적 추론과정을 코딩할 수 있었다. 이 부분이 표 2의 00:18:02~00:58:07에 제시된 부분이다. 주어진 범주가 바뀌고 나서 학생은 자신이 만들었던 산물을 다른 각도에서 해석하고 변형하였다. 이 과정에서 많은 전환의 과정이 발생하는데 표 2의 04:45:02~05:34:01에서 제시된 부분이다.

Missing view problem 과제와 Mental synthesis 과제 분석

기록된 자료들을 시각적 추론 모델의 요소별로 규명하여, missing view problem 과제와 mental synthesis 과제를 비교하였다(Park and Kim, 2008). 그 결과 missing view problem 과제에서의 보기 과정에서는 분석이 두드러지게 많이 나타났고, 상상하기 과정에서는 전환의 과정이 많이 일어났다. 이는 missing view problem 과제의 특성상, 제시된 2차원의 평면도들을 분석하여 3차원으로 전환하는 과정이 많이 필요하기 때문인 것으로 해석된다. 따라서 missing view problem 과제는 분석 및 전환과 같은 시각적 추론 요소들을 향상시키고자 할 때 유용한 훈련 프로그램으로 사용될 수 있을 것으로 기대된다.

반면에 mental synthesis 과제에서는 missing view problem 과제에서보다 내적 표상의 과정이 많이 일어나게 되는데, 이는 mental synthesis 과제 특성상 처음 2분 동안 눈을 감고 수행하는 과정이 있기 때문이다. 또한 mental synthesis 과제에서는 보기 과정에서 분석보다는 해석의 프로세스가 더 많이 일어나게 되는데, 이는 주어진 물체들을 새로운 관점에서 해석하고, 합성하여 새로운 사물을 만들어내야 하기 때문일 것이다. 따라서 mental synthesis 과제는 내적 표상과 해석의 능력이 부족한 학생들에게 좋은 훈련 프로그램으로 제공될 수 있다. 이러한 분석 결과는 그림 2-36에서 제시된 바와 같이 시각적 추론 모델 다이어그램을 통해서 두 과제 사이의 확연한 차이를 비교할 수 있다. 여기

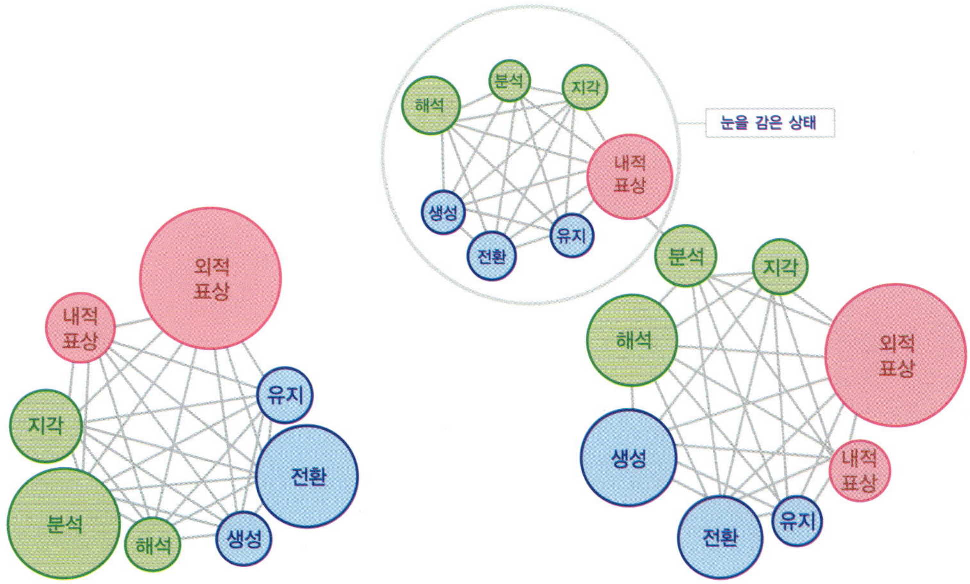

▸▸▸ 그림 2-36 Missing view problem 과제와 Mental synthesis 과제의 시각적 추론 다이어그램

서 각 요소의 원의 넓이는 시각적 추론 수행과정에 해당요소가 이용된 시간에 비례한다. 이와 같이 시각적 추론 모델은 각기 다른 과제의 특성을 분석하는 데 유용하게 사용될 수 있다.

3

소비자, 사회, 문화의 이해

소비자, 사회, 문화의 이해

디자인의 첫 번째 단계인 탐색단계는 디자인 문제의 이해단계이다. 과연 해결해야 하는 문제가 무엇인지를 파악하기 위한 노력이 실상 디자인의 성공의 열쇠가 되는 경우가 많다. 그런데 이런 문제는 더욱 근본적으로 과연 이 디자인의 대상이 되는 인공물을 이용하는 사용자, 그 제품 또는 서비스를 구매하는 소비자가 과연 무엇을 원하는지를 파악해야 이해가 되는 것이다. 결국 인간을 중심으로 하여 문제의 다양한 상황을 이해하여야 한다. 과연 소비자 입장에서의 어떤 가치가 이 인공물과 깊게 연계되어 있는지, 사용자가 이 인공물을 사용할 때 과연 편리하고 안전하게 사용할 수 있는지, 사용자는 이 인공물을 사용하는 과정에서 어떠한 감성적 반응을 하게 되는지 등의 소비자와 사용자의 관점을 이해하는 능력이 바로 디자인 능력의 기반 핵심이 된다.

이노디자인 김영세 대표는 유능한 디자이너는 예술가의 역할, 철학자의 역할을 한다고 하였다(김영세, 2001). 디자이너의 철학자적 역할의 한 단면을 나는 다음과 같이 설명해본다. 우리인간은 자연이 만든 물체와 인공물이 공존하는 환경에서 다른 인간들과 사회생활을 하며 삶을 영위하고 있다. 이 과정에 있어 인간의 마음은 가장 중요한 역할을 한다. 사회 생활의 파트너와의 기대하지 않는 상호작용은 때로 인간의 마음을 기쁘게도, 슬프게도 한다. 이와 비슷하게 인간은 인공물과도 상호작용을 한다. 인공물과의 상호작용 또한 중요한 인간의 활동이며, 이에도 인간의 마음이 핵심적 역할을 한다. 이러한 인공물이 인간의 삶에서 인간의 마음과 몸과의 상호작용 역할을 제대로 하게 만드는 일이 바로 디자이너의 역할인 것이다. 그리고 디자이너는 인공물인 제품과 서비스를 통해 소비자/사용자와 소통하게 되는 것이다. 왠지 디자이너가 철학자의 자질을 갖고 있어야 할 듯한 느낌이 든다.

1. 소비자, 디자이너, 제품/서비스의 연계

이와 같은 소비자, 디자이너, 제품과 서비스의 관계를 그림 3-1은 잘 보여준다. 인공물인 제품/서비스는 기능(Function), 성질(Behavior), 구조/형상(Structure)을 갖고 있으며 이들이 사용되는 환경(Environment)과 상황(Context) 또한 이들의 중요 구성요소라고 할 수 있다. 소비자들은 각각 다른 생각(Cognition)을 하고, 또 같은 소비자도 때에 따라 감정(Emotion)이 바뀌고, 또 다양한 사회(Society), 문화(Culture)적 배경을 가진 여러 소비자들을 고려하여야 하며, 이들의 다양한 생활(Life)패턴 특성도 반영하여 제품/서비스를 디자인해야 한다. 인간과 공존하는 제품/서비스를 창출하는 디자이너도 각각 인지성향이 다르며, 때에 따라 감정이 바뀌고, 사회, 문화 배경이 다르며, 또 기술적 전문성도 다양하다. 이러한 다양한 요소를 갖고 있는 소비자, 디자이너, 제품/서비스의 성공적인 상호 순환과정은 앞서 시각적 추론의 Seeing, Imagining, Drawing의 3단계의 연계처럼 밀접히 연계되어 진행되는 것이다. 모든 가치와 디자인 문제의 시작은 Seeing 단계의 소비자에서 시작되어, 디자이너의 Imagining에 의해 창출되어 제품/서비스로 표현되고 만들어지는 것이다. 물론 우리 사회 전체와 또 제품/서비스를 제공하는 기업(Enterprise)은 이와 같은 소비자, 디자이너, 제품/서비스의 상호작용을 관리하여 경쟁력과 총체적 가치를 만드는 역할을 하게 된다.

2. 소비자의 이해

이제는 소비자에 대한 이해를 증진시키는 방법에 대한 설명을 한다. 이 부분은 김기옥이 쓴 책(김기옥, 2007) 중에서 발췌한 내용이다. 종래에는 소비자는 경제학적 관점에서 경제행동으로의 소비를 하는 대상으로 간주되어 왔다. 경제 시스템 내에서 기업이 생산한 물건에 대한 소비를 담당하는 경제인적 관점으로 소비자를 이해하면서 이들은 기업 거래의 대상으로 인식되어 왔다. 즉, 기업의 전통적인 소

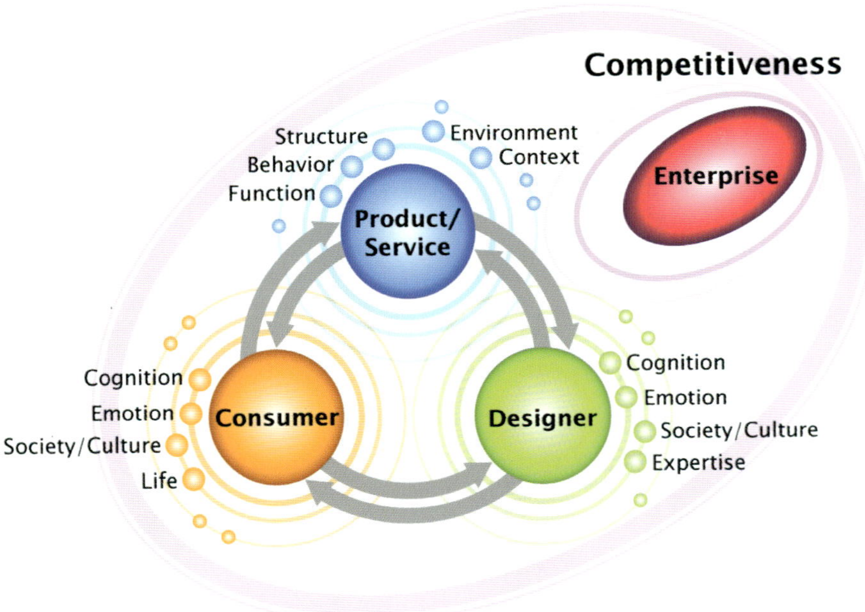

▸▸▸ 그림 3-1 소비자, 설계자, 제품/서비스, 기업

비자에 대한 시각은 소비자를 이윤추구의 대상으로만 바라보는 것이다. 현대의 소비자는 기업이 제공하는 상품이나 서비스를 구매 · 사용 · 소비하는 수동적 존재가 아니라 한 사람의 인간으로서 생활을 영위하는 생활자로 간주되고 있다. 생활자의 개념은 소비자의 개념보다 더 넓은 개념이며, 기업과 소비자를 이분법적인 사고로 접근하는 관점을 뛰어넘는 것이다. 소비자의 개념이 경제적 효용만을 고려하는 주체가 아니라 안전성을 중심으로 살아가는 생활자의 개념으로 확대되고 있는 것이다. 기업과 소비자 관계의 주도권이 일방적으로 기업에게만 있었던 시대가 지나가면서, 소비자들이 인생에서 제품을 어떻게 경험하는지에 대한 부분이 기업의 성공에 있어서 중요해지고 있다. 이에 따라 소비자의 개념에 대한 확대의 필요성이 논의되기 시작하였고, 최근 이러한 소비자의 개념이 마케팅 분야에서도 적용되고 있으며, 소비자에 대한 기업 중심적 사고에서 벗어나 자연스러운 인간 자체에 도움

이 되는 상품을 제공하는 방향으로 변화되고 있다(박기철, 2005).

소비자 조사의 중요성

제품/서비스의 디자인의 궁극적 목적은 소비자에 수용되는 것이다. 즉, 제품/서비스가 실제로 소비자의 생활 속에서 사용될 수 있도록 하는 것이기 때문에 소비자와 시장에 대한 이해에서 제품/서비스의 디자인이 출발되어야 하는 것은 당연하다. 소비자가 지닌, 또는 지니고 있으나 잠재되어 발견되지 않은 니즈는 무엇인지, 그들이 추구하는 가치는 무엇인지에 대한 이해를 통해 어떠한 제품/서비스를 디자인해야 하는지에 대한 열쇠를 가지게 된다. 따라서 디자인에 있어서 소비자에 대한 이해를 도모할 수 있는 소비자 조사는 필수적인 부분이며, 특히 그들이 알게 모르게 지니고 있는 니즈가 무엇인지를 파악하여 이에 대응하는 가치를 줄 수 있는 제품/서비스를 기획하려는 노력이 필요하다.

소비자 니즈 조사방법

소비자 니즈는 크게 드러나는 니즈와 잠재된 니즈로 나누어볼 수 있다. 드러나는 니즈란, 소비자가 자신이 지닌 니즈를 인지하고 설명할 수 있거나, 상품의 개발자가 이에 대해 알고 이에 대한 설명을 유도해낼 수 있는 경우의 니즈를 의미한다. 잠재된 니즈란, 소비자나 개발자 모두 명확한 니즈를 찾기 어려운 경우를 의미하며, 이때에는 소비자를 통해 직접적으로 니즈에 대한 설명을 전달받을 수 없게 된다. 잠재니즈는 고객이 의식하지 않거나 인지하지 못하는 미충족 니즈로, 신상품 개발에 있어서 차별화나 혁신을 이룰 수 있는 가능성이 높은 부분이다.

소비자 니즈의 조사방법은 소비자의 니즈가 잠재된 것인지 아닌지에 따라 나누어질 수 있다. 잠재되지 않은 니즈는 개발자나 소비자를 통해 직접적으로 인지가 가능한 것이므로 구조화된 조사방법을 이용하는 것이 가능하다. 그러나 소비자나 개발자 모두 니즈에 대해 알지 못하는 잠재니즈의 경우 소비자의 응답을 통해서 직접적으로 니즈를 추출하기는 어려우며, 이때에는 사회에서의 전반적인 흐름을 읽는 것이나 현장에서의 소비자를 직접 관찰하는 방법 등을 이용하여 간접적으로 니즈를 파악할 수 있다. 각각의 조사방법에 대해서는 아래에서 자세히 살펴보기로 한다.

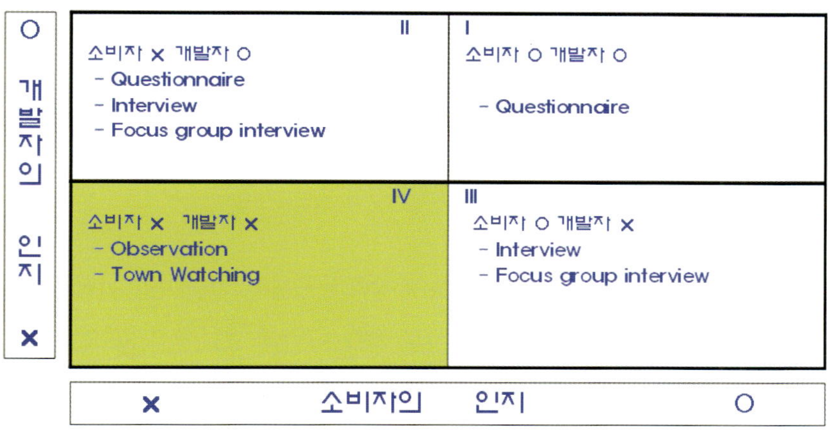

▸▸▸ 그림 3-2 소비자 조사 방법

Questionnaire

질문지법(questionnaire) 또는 설문조사(survey)로 부르는 이 방법은 구조화된 질문지에 조사대상자가 스스로 기재하도록 하는 자기기입식 조사방법으로 객관적 사실에 대한 질문, 의견이나 태도, 판단, 감정과 같은 주관적 생각을 묻는 내용으로 구성된다. 이는 조사자가 '질문지'를 작성하여 피조사자에게 그에 대한 '응답'을 받는 것을 특징으로 한다. 질문지를 통한 조사는 한 번에 다수의 대상에 대해서 조사가 가능하므로 여러 사회조사에 널리 쓰이고 있다. 질문지법은 대규모 조사를 위해 유용하게 사용되며 대표성 있는 자료의 수집이 중요하게 고려되어야 하는 방법이다.

Focus Group Interview

Focus Group Interview(FGI)는 면접자와 다수의 피면접자가 자유로운 대화나 토론의 과정의 인터뷰를 진행하는 형식이다. 80년대 이후 시장조사의 목적으로 미국에서 자주 활용되었으며, 최근에는 그 활용의 폭이 더욱 넓어지고 있다. FGI는 특정 주제에 대해 연구자는 정보를 많이 가지고 있지 않으나 FGI의 참여자들이 관심을 가지는 영역에 대한 주제를 선정하여 진행할 때 효과가 높다. 특히 참여자들 간의 상호작용과 반응을 살펴봄으로써 그들의 경험과 견해에 대해 심도 있게 해석할 수 있다는 장점이 있다.

Town Watching

거리에는 다양한 생활의 구성요소들이 상호작용하여 만들어진 복합적인 이미지가 존재한다. 즉, 거리는 기호 이미지를 통해 의미를 전달하고 있는 것이다. 타운워칭은 거리에서 나타나는 이러한 여러 가지 기호를 통해 소비자의 니즈를 파악하는 방법이다. 거리를 구성하는 여러 상징이나 이미지, 기호를 관찰 대상으로 하여 시대적 분위기나 트렌드를 포착하게 된다.

타운워칭은 소비자의 생활무대를 대상으로 그 안에서 이루어지는 소비자들의 욕구와 활동, 상품이나 사물 간의 상호관계를 통해서 연출되는 여러 장면들을 관찰하게 된다. 이렇게 관찰되는 장면들은 소비자의 특정한 활동 유형으로 귀착되고 이를 더욱 발전시켜 소비자들의 니즈 요인을 탐색하게 된다.

타운워칭에서 거리를 관찰하는 것은 수동적으로 거리의 외관을 보는 것이 아니라, 일반 대중의 사실적 행동을 살펴보거나 각종 점포나 업소, 시설 등을 상세하게 관찰하는 것을 의미한다. 즉, 거리가 구성하는 여러 요소들이 만들어내는 사회의 이미지나 상징을 관찰하여 시대의 흐름을 읽고 그 안에서 나타날 수 있는 소비자 니즈를 발굴하는 과정이다. 따라서 관찰 대상은 소비활동을 넘어 소비가 이루어질 수 있는 모든 상황을 고려하는 요소가 되어야 하며, 상점이나 상품, 거리, 사람들의 행동 모두를 포함한다.

타운워칭 관찰 대상

타운워칭을 시행할 때 거리에서 무엇을 관찰해야 할 것인지를 결정하는 것이 중요한 관건이 된다. 타운워칭을 통해 관찰하는 대상은 생활자로서의 소비자 니즈, 사회의 트렌드 및 변화 등이다. 따라서 관찰자는 생활자의 입장에서 그들의 니즈가 무엇일까에 대한 호기심과 열린 마음으로 관찰에 임해야 하며, 아주 작은 징후에도 민감하게 반응해야 한다. 소비자의 생활무대에는 그들의 욕구와 여러 가지 활동, 상품이나 상점 등이 상호작용을 하고 있으며, 그 결과로 여러 가지 장면들이 연출된다. 여러 장면 중에서 의미 있는 활동을 추출하고 그와 관련한 니즈 요인이 무엇인지를 관찰하게 된다.

타운워칭의 마음가짐

- **생활자 발상 :** 생활자의 관점에서 관찰을 시도한다.
- **장점 발견 :** 이상한 점도 사용자의 관점에서는 장점이 될 수 있다는 관점으로 관찰을 시도한다.
- **호기심 가동 :** 관찰 대상에서 최대한의 정보를 끌어낼 수 있도록 호기심을 최대한 활용하도록 한다.
- **열린 마음 :** 편견을 버리고 관찰 대상에 대한 장면을 받아들인다.
- **예리한 분별력 :** 정보를 놓치지 않도록 오감을 모두 활용하여 빈틈없이 관찰하도록 한다.

Town Watching 절차

1단계 Town Watching 계획 수립

먼저 타운워칭을 위한 마인드를 참여자들 간에 공유하는 것을 시작으로 타운워칭의 계획을 수립하여야 한다. 관찰의 타겟을 설정한 경우에는 해당 타겟이 주로 모이는 장소와 시간에 대한 계획을 수립한다. 일반적으로 타운워칭은 2인 1조로 구성하여 타운워칭을 하는 동안에도 서로 정보를 공유하고 의견을 공유하는 과정에서 보다 풍부한 결과를 도출하도록 한다. 또한 2인 1조의 여러 그룹을 편성하여 각자 타운워칭을 한 결과를 발표하는 과정을 거치는 것이 좋다.

2단계 관찰 기간 설정

관찰 기간은 장기와 단기로 나누어 설정한다. 일반적으로 단발적인 타운워칭을 통해서는 좋은 결과를 얻을 수 없으므로 최소한 4주 이상의 기간을 설정하도록 한다.

3단계 필드 관찰

본격적으로 거리에 나가 여러 사회적 상징물들 사이에 나타나는 상호작용을 관찰하도록 한다. 다양한 기호들이 오고가는 거리를 살펴보고, 그 안에서 상호작용하는 사람들을 관찰함으로써 공간과 상호작용의 의미를 파악해본다. 타운워칭을 할 때에는 같은 길을 두 번 가지 않고 다른 길로 가보도록 하며, 교통기관을 이용하기보다는 걷는 것을 택하는 것이 좋다. 주로 타운워칭에서 선택하는 관찰지역은 다음의 특징을 지닌다. 첨단 유행을 볼 수 있고, 사람들의 왕래가 많으며, 왕래하는 사람들의 성격이 규정될 수 있는 것 등이다. 또한 타운워칭의 지역은 탈일상적이고 일반적으로 잘 가지 않는 Spot도 포함되며, 업태의 편향이 없도록 Spot Mix를 고려한다. 관찰일지는 타운워칭에서 발견될 수 있는 여러 가지 현상과 장면, 그 장면에서 도출될 수 있는 여러 가지 의미나 소비자 니즈를 기록할 수 있도록 구성해야 하며, 여러 가지 형태가 있을 수 있다.

4단계 자료수집과 분석

타운워칭을 수행하는 동안 현장에서 찍은 사진, 필드노트, 감상문 등을 활용하여 의미 있는 결과를 도출하기 위한 분석을 실시한다. 적절한 도표를 통해 각각의 상징물이나 기호들 사이의 관계를 그려보거나 의미 있는 맥락을 찾아낸다.

5단계 키워드 찾기

4단계에서 찾아낸 의미 있는 관계나 맥락을 설명할 수 있는 핵심 키워드를 도출함으로써 그 안에 숨어 있는 소비자의 니즈가 무엇인지에 대한 분석을 실시한다. 앞으로 나타날 것으로 예측되는 사회적 특성은 소비자 니즈에 어떠한 영향을 미칠 것이며, 어떤 새로운 소비자 니즈를 형성해낼 것인지에 초점을 맞추어 분석하도록 한다.

사전 준비 단계

조 편성(2인 1조)

준비물(펜, 메모지, 작성양식, 녹음기, 디카 등)

관찰자 mind 형성(소비자발상, 흥미, 호기심, Open Mind, 예리한 분별력, 시대 감각, 직접 피부로 느끼려는 자세)

코스 설정

Area : 첨단 유행 볼 수 있는 곳, 사람들이 많이 왕래하는 곳, 왕래하는 사람들의 성격 규정될 수 있는 곳, 탈일상적인(보통 잘 가지 않는) spot도 포함 가능, 업태에 편향이 없도록 spot mix 필요(음식점, 물품판매점, Show Room, 대형점, 소형노상점, Fashion 관련, 생활 관련 등)

Route : 같은 길을 두 번 가지 말고 다른 길로 갈 것, 교통수단을 이용하지 말고 가능한 한 걸을 것

실기 단계

각자 포착한 시점(현상) 메모

Memo Sheet 혹은 Scene Sketch Sheet 작성(그림 3-3 참조)

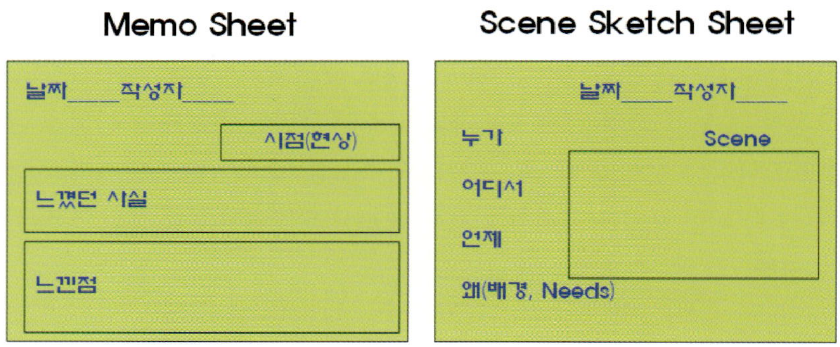

▸▸▸ 그림 3-3 타운워칭 Memo Sheet

정리 단계

정보 정리(개인)

Memo Sheet를 근거로 소비자의 입장에서 Trend Theme 도출

정보 정리(집단)

조원 전원이 소비자의 입장에서 토의하여 Trend Theme 도출

4

창의성과 설계 팀

창의성과 설계 팀

앞에서는 소비자, 디자이너, 제품/서비스의 연계 관계에 있어서, 소비자를 중심으로 살펴보았다. 이번에는 디자이너에 대한, 특히 디자이너의 인지적 활동과 사회적 활동에 대한 설명을 하기로 한다. 요즈음 많은 사람들이 창의성 및 창조적 활동에 대한 이야기를 한다. 과연 창의성, 특히 디자인 창의성은 어떻게 설명하고, 이해할 수 있을까. 과연 창의성은 타고나는 것인가, 아니면 후천적으로 길러지는 것일까. 창의성의 증진이 가능하다면, 어떻게 할 수 있는가. 그리고 대부분의 디자인 작업이 다수의 디자이너의 협력에 의해 진행되는데, 디자인 팀의 창의성은 어떻게 증진할 수 있는가 등이 우리가 이제 고려할 질문들이다.

1. 당신은 창의적인 사람입니까?

독자에게 질문을 던진다. 당신은 창의적인 사람입니까? 이와 같은 질문을 창의적공학설계 수업시간에 학생들에게 하면, 요즈음엔 40여 명 중 2~3명이 손을 든다. 얼마 전까지는 대부분의 경우 학생들은 서로 쳐다볼 뿐 누구도 용감하게 손을 드는 사람은 없었다. 같은 질문을 설계교육을 하는 공과대학 교수들이 모인 워크샵에서 하면, 거의 항상 아무도 손을 들지 않는다. 얼마간 적막함이 흐른 후, 나는 "내가 하는 얘기가 아니고, 유명한 심리학자인 Carl Jung의 말에 의하면, 여러분은 모두 창의적입니다."라고 또다시 긍정적인 분위기를 만든다. Jung은 창의성이란 마치 본능 같은 것으로 인간에게 피할래야 피할 수 없는 성질의 능력이라고 말한다(Jung, 1963). 마치 족구장 옆을 지나다가, 공이 내 머리로 날아오면 자연히 피하게 되는 것처럼, 창의성이란 자연스레 발현된다는 이야기이다. 그렇다면, 왜 어떤 디자이너는 창의적인 제품을 디자인하고 많은 돈을 버는가 하면, 또 어떤 디자이너는 제품 디자인 단계의 후반부에서 모양과 색상을 다듬는 일을 하며 시간에 쫓기는 활동을 하고 있는가. 과연 어떻게 하면, 그 자연스런 창의성의 발현을 우리 학생 각각에게 가능하게 해줄 것인가.

창의적 문제해결 과정

창의성에 관한 많은 연구가 진행되어 왔는데, 그들 중 대표적인 몇 가지를 이용하여 설명해본다. 심리학자인 Udall은 창의적인 문제해결 과정을 Intellectual Domain과 Intuitive Domain을 자유롭게 넘나드는 Transformation으로 설명한다. 흔히 창의적인 문제해결단계는 (1) 문제에 대한 인식(Recognition), (2) 주어진 문제를 이해하기 위한 부단한 노력(Saturation)과 준비(Preparation), (3) 그리고 해결책이 곧 나오지 않을 때, 잠재적인 상태로 문제의 해결을 넘기고 흔히 마음을 비우는 부화(Incubation), (4) 그러다가 문득 번뜩이는 아이디어가 갑자기 나타나는 조명(Illumination), (5) 그리고 이 아이디어를 발전시키고 실현 가능하게 만드는 검증(Verification) 등 5단계로 구성된다고 한다(Udall 1996). Udall은 이 5단계를 그림 4-1에서 보듯 지적공간(Intellectual Space)과 직관적 공간(Intuitive Space)에 배정하고, 순환적으로 이 두 공간을 이동하는 과정으로 설명한다. 문제가 인식되면 지적공간에서 해결책을 찾기 위한 노력을 하다가, 직관에 의지하는 부화기로 넘어가고, 그러다가 번뜩이는 아이디어가 나오는 순간 다시 지적공간으로 이동하여 검증활동을 하다가, 또 해결책을 못찾게 되면 다시 직관에 의존하고, 또다시 지적공간으로 아이디어를 이끌어나가는 과정의 연속작용으로 창의적 문제해결이 진행된다는 설명이다. Udall은 이를 Creative Transformation으로 설명한다. 그리고 지적공간과 직관적공간 간의 전환은 마치 뫼비우스 링의 앞면과 뒷면이 순환적으로 연계되는 것과 같다고 설명한다. 예를 들기 위해, 3D 물체를 표현하는 2D 도면을 보면서 자연스럽게 2차원공간과 3차원공간을 연계 지우며 시각화하는 행위가 지적공간과 직관적공간을 자유롭게 넘나드는 행위와 유사하다는 설명도 한다.

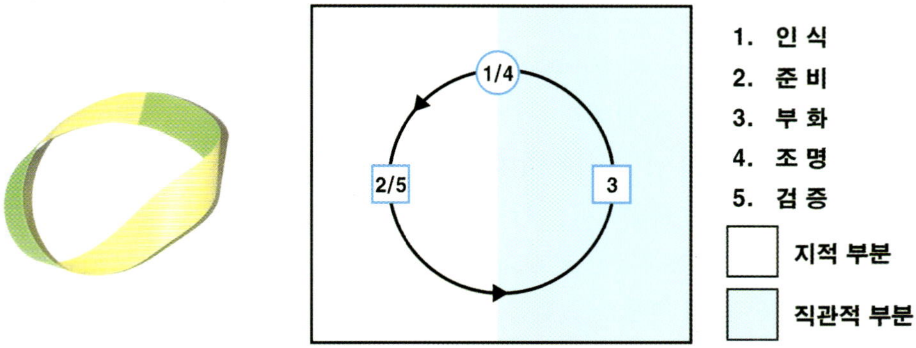

▸▸▸ 그림 4-1 Creative Transformation(Udall, 1996)

여기서 이노디자인 김영세 대표의 "Design is emotional logic."이란 설명을 다시 한번 생각해보자(김영세, 2001). 직관적인 emotion과 지적인 logic의 서로 떼어낼래야 떼어낼 수 없는 융합이 바로 창의적인 문제해결인 것이다. 앞서 시각적 추론에 대한 설명에서 McKim 교수의 Seeing, Imagining, Drawing 3단계도 바로 Seeing의 logical한 활동과 이를 기반으로 하는 직관적 Imagining, 그리고 이 결과를 다시 Seeing하기 위한 표현인 Drawing으로 연계하는 과정이며, McKim 교수의 말대로 이것이 Design Ideation 과정인 것이다. 결국 디자인은 Creative Transformation이란 부정할 수 없는 사실이 재차 확인된다.

창의성 샌드위치 모델

1장에서 설명한 디자인의 탐색, 생성, 평가, 전달의 4단계 모델은 Archer의 모델로 조금 더 구체화된다. 교육과 경험을 바탕으로 디자이너는 클라이언트가 제공한 디자인 Breif(의뢰서)의 요구사항에 기반한 디자인 문제 이해를 시도하며, 기본적 계획을 세운다. 이를 바탕으로 소비자의 욕구, 시장의 동향, 경쟁사 제품의 정보, 관련 기술 등등 기반 자료를 수집한다. 이 과정에서 주어진 문제에 대한 재검토가 이루어지기도 하여 전반적 계획의 수정작업도 하게 된다. 이러한 기반 자료의 분석과정에서 자료의 보완이 야기되기도 하고, 그러다 보면 문제에 대한 재정의를 하게 되기도 한다. 이와 같은 준비로부터 문제 해결방안을 합성해내는 노력이 시작되고, 문제 이해와 해결안 생성의 co-evolution이 진행되어 디자인 과정이 지속된다. 디자인 요구사항 및 제약조건 등을 고려한 평가와 해결방안 생성의 순환적 과정이 진행된 후, 기본 디자인 개념안이 결정되고, 이의 상세 설계가 진행된다. 물론 이와 같은 상세설계 전개과정에서 기본자료의 보완 및 문제에 대한 재조명도 다시 진행될 수 있다. 그리고는 상세설계의 평가를 거쳐, 때로는 디자인 개발 시간이 다 소진된 상황이 되면 아직까지의 최상의 설계방안이 다음 생산 등의 단계 진행을 위해 도면화되고 정보의 전달을 통해 설계해결안이 만들어진다. 물론 이와 같은 디자이너의 경험은 다음 디자인 과제를 진행하는 데 좋은 기반지식을 제공하게 된다. 이 Archer의 디자인 프로세스 모델은 그림 4-2에 보여진다.

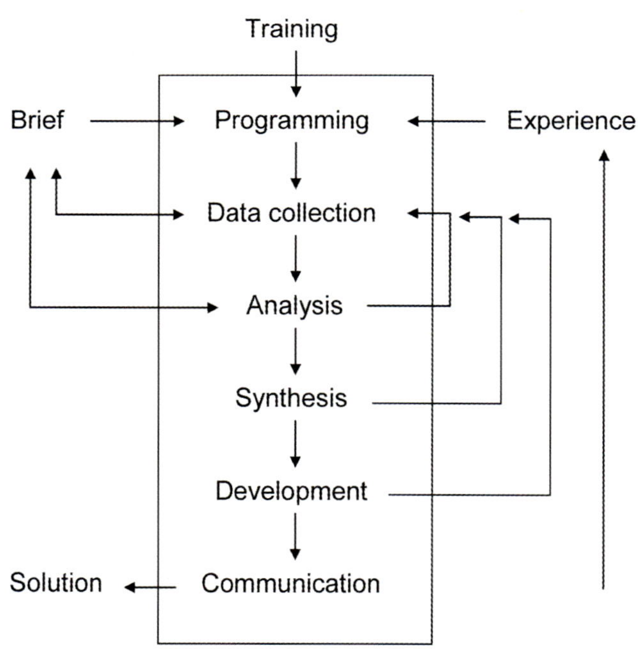

▸▸▸ 그림 4-2 Archer's Design Process Model(Archer, 1984)

이와 같은 디자인프로세스의 Archer모델을 보면, 계획과 자료준비의 단계는 소비자에 대한 관찰, 경쟁제품과의 벤치마킹 등 분석적 활동으로 지적 활동이라 할 수 있고, 해결안의 생성, 합성 단계는 창의적인 활동, 그리고 검증 및 설계안 구체 전달 실행 단계는 다시 분석적 지적 활동이라 할 수 있다. 물론 해결안이 혁신적이고 창의적인 해결안이어야 하지만, 이 창의적 과정을 전후에서 연계하는 분석적 과정이 없다면 성공적인 디자인프로세스가 이루어질 수 없는 것이다. 이 샌드위치 모델은 그림 4-3에 보여진다. 내가 대학시절(20여 년 전) 그래도 잘나가는 인기 있는 Cafe인데도, 샌드위치를 시키면 식빵 양쪽 사이에 얇게 만든 계란에 쨈 등을 바른 샌드위치가 나왔다. 그러나 요즈음 Cafe 샌드위치는 더 입이 안 벌려져 먹기 힘들 정도로 풍부한 각종 야채, 햄, 치즈 등이 가운데 들어간다. 그만큼 살기 좋아졌다는 증거인데, 아무리 그래도 양쪽의 빵이 없으면, 이 샌드위치를 먹는 작업은 성공적일 수 없다. 이처럼 창의적 활동을 의미 있게 하는 분석적 활동은 샌드위치의 풍부한 내용물을 양쪽에서 지탱하는 빵처럼 절대적인 역할을 한다.

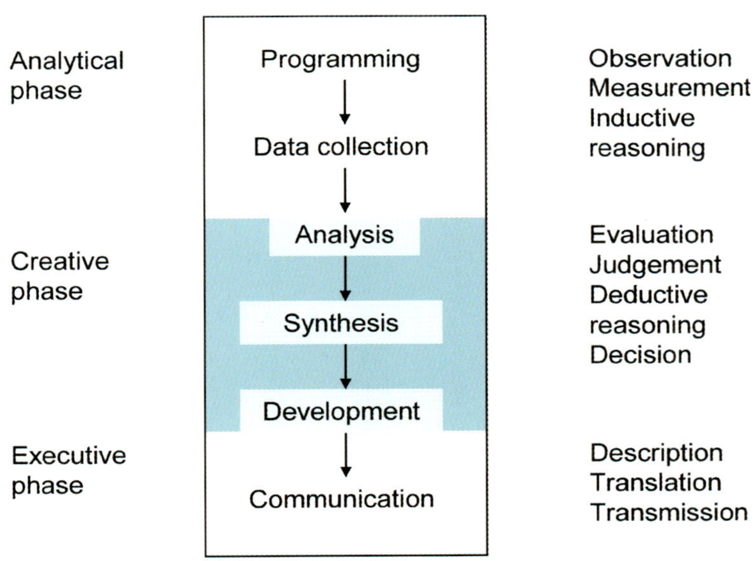

▸▸▸ 그림 4-3 Creative Sandwich(Archer, 1984)

창의적인 사람들의 특성

미국 설계교육의 큰 기여자 중 하나인 David Ullman은 그의 「Mechanical Design Process」 책에서 창의적인 디자이너의 특성에 대한 설명을 이론적 배경 없이 가볍게 다음과 같이 제공한다(Ullman, 1997). 창의적인 디자이너들은 (1) 좋은 시각화 능력을 가졌으며, (2) 지식도 풍부하고, (3) 문제를 해결할 때 한 번에 해결이 안 되더라도 부분적 해결책들을 잘 연결해나가는 능력이 있으며, (4) 모험적으로 위험을 감수하는 능력을 갖고 있으며, (5) 범상을 벗어나는 파격적 행위를 파괴적, 부정적이 아니고 건설적, 긍정적인 방향에서 만들어내며, (6) 창의적 디자인도 주변의 이를 도모하는 좋은 환경적 지원이 있어야 하며, (7) 계속되는 노력과 연습으로 창의적 디자인도 발전하게 되는 것이며, (8) 창의적이라 해서 세세한 작은 일을 꼼꼼히 챙기는 일을 안 하는 것이 아니라 꼼꼼함도 갖추고 있다고 8가지의 창의적 디자이너의 특성을 그의 경험에 의해 설명한다.

이밖에 Barron은 창의적인 사람들의 특성으로, 자신의 창의성에 대한 인식, 넘치는 에너지를 보임, 다양한 부문에 관심이 많음, 신기하고 복잡하고 미스터리한 일들을 좋아함, 위험한 일을 즐김, 호기심이 많음 등을 들고 있다.

창의적인 사람인지에 대한 테스트

자 이젠 당신이 과연 창의적이 사람인지를 스스로 테스트할 수 있는 기회가 왔다. 시카고 대학의 Csikszentmihalyi(칙센미하이) 교수는 약 10여 년 전 미국의 창의적인 인물 백여 명의 성격특성에 관한 조사 연구의 결과로 이들의 공통점을 다음과 같이 설명한다. 이 각각 항목에 과연 당신이 해당한다면, 당신도 대표적인 창의적인 인물이 될 가능성이 있다.

- 아주 강한 에너지를 가지고 있지만 때로는 조용하고 비활동적
- 생기와 정열을 가지고 긴 시간 집중

- 머리가 좋거나 영리하지만 또한 동시에 순진
- 장난기와 예절 바름, 책임감과 무책임감
- 상상과 공상, 그리고 현실감
- 외향성과 내향성의 양극
- 겸손하고 또한 동시에 거만
- 고정적인 성역할에서 탈피. 즉, 남성적인 성격과 여성적인 성격을 공유
- 전통적이면서 또한 독립적, 혁신적
- 정열적이면서 또한 객관적
- 고통과 즐거움을 공유

당신도 창의적인 인물의 특성을 갖고 있나를 확인하였을 거다. 쉽게 말하면 창의적인 인물들이 복합적인 성격, 즉 동시에 정반대의 성격을 모두 갖고 있다는 말이다. 이중인격자란 말인 셈이다. 이는 보통의 사람은 어느 한쪽의 성향을 갖고 있게 마련인데, 남들보다 많은 업적을 내어 창의적인 인물로 평가받는 사람들은 일반 보통사람에게는 없는 양면적 성격을 갖고 있다는 말이다. 어찌 보면, 자기 스스로에게서 다른 면을 만들어낼 수 있어서, 보통 사람 같으면 두 사람이 하여야 할 일도 혼자 해결할 수 있었을 거란 설명을 할 수 있다.

2. 디자인 창의성 양상

칙센미하이 교수의 창의적인 인물들의 연구 결과에서 유추할 수 있듯이, 창의적인 성과를 이루는 데에는 서로 다른 관점의 시각을 함께 적용할 수 있는 능력이 필요하다. 그렇다면 우리 일반인들의 경우는 어떨까. 인간은 모두 창의적이다는 시각을 가진 Jung의 인지 이론(Jung, 1963)과 이를 이용하여 개인 창의성 양상(Personal Creativity Mode)을 제안한 Stanford 대학의 Douglass J. Wilde 교수의 내용(Wilde, 1999) 및 이를 응용하여 내가 직접 발전시킨 성균관대학교 Creative Design Institute의 연구결과(Kim & Kim, 2007, Kim et al., 2008)

등을 바탕으로 설명한다.

Jung에 의하면 인간의 인지적(cognitive) 활동은 외부로부터 정보를 받아들이는 지각/인식(Perceiving) 활동과 이를 바탕으로 결정과 결론을 이끌어내는 판단(Judging) 활동을 한다. 어떤 사람들은 지각/인식 활동을 더 편안하게 생각하는가 하면, 어떤 사람들은 판단 활동을 선호한다. 어찌되었든 이 두 가지 인지 활동이 항상 필요하다.

지각/인지 활동을 하는 데 있어서, 2가지의 양상이 있다. 직접적이고 감각적, 사실적 정보입력(Sensing)과 이들 직접적 정보를 개념으로 전환한 직관적 정보입력의 지각(Intuition) 활동이다. 어떤 사람들은 감각적 지각을 선호하는 한편, 어떤 사람들은 직관을 이용하는 것을 더 편안하게 생각한다.

판단을 하는 데 있어서, 2가지 양상은 감정적으로 선택과 의사결정을 하는 감정(Feeling)기반 판단과 논리적 근거에 다른 사고(Thinking)기반 판단이다. 어떤 사람들은 주관적이고 감정에 호소하는 판단을 선호하는가 하면, 경우에 따라서는 논리적, 이성적 판단을 해야만 하는 경우도 있다. 결국 인간의 선호 성향도 있고, 상황과 사안에 따른 판단의 필요도 있는 것이다.

그리고 이와 같은 인지활동의 동기부여가 자신의 내면적(Introverted) 상황으로부터 생겨나는 경우와 외부의(Extroverted) 상황에 의하여 진행되는 경우가 있다. 어떤 사람은 외부의 자극을 더 편하게 느끼기도 하고, 어떤 사람들은 자기 내면으로부터 발생하는 동기가 더욱 강한 사람들도 있다.

이와 같은 Jung의 인지 이론에 기반하여 Wilde는 8가지 개인 창의성 양상을 정의하였다. 지각측면에 Sensing(또는 Factual)과 Intuitive(또는 Conceptual)의 2가지 선호성향과 Introverted와 Extroverted 2가지 동기로 4가지 양상, 판단측면에서 Thinking(또는 Objective)과 Feeling(Subjective)의 2가지 선호성향과 Introverted와 Extroverted 2가지 동기로 4가지 양상, 총 8가지의 개인 창의성 양상을 정의하였다. 8가지 창의성 양상의 구분은 그림 4-4에서 볼 수 있다. Jung의 이론에 기반하면, 보통 사람들은 지각측면의 4가지 양상 중 하나, 판단 측면의 4가지 중 하나를 선호한다고 볼 수 있다.

	Perceptual Modes		Responsive Modes	
	Factual (Sensing)	Conceptual (Intuitive)	Objective (Thinking)	Subjective (Feeling)
Introverted	Knowledge-based	Transforming	Analyzing	Evaluating
Extroverted	Experiential	Synthesizing	Organizing	Teamwork

▸▸▸ 그림 4-4 8가지 창의성 양상(Wilde, 1999)

우선 Extroverted하고 Conceptual한 창의성 양상을 설명한다. 이러한 양상을 가진 사람들은 외부 환경에 관심을 많이 갖고 여러 가지 사물과 요소들을 통합하여 재구성하여 새로운 사물, 형상, 배치 등으로 만들어내는 능력을 갖고 있다. 일반적인 또는 재래적인 관점에서의 창의성으로 간주되는 무언가를 만들어 내고 합성해내는, 영어로 synthesis를 잘하는, 과정에 잘 맞는다고 할 수 있다. 이 창의성 양상을 합성기반 창의성(Synthesizing Creativity)으로 명명한다. Wilde는 Geodesic Dome을 처음으로 설계한 Buckminster Fuller 같은 건축가를 대표적인 Synthesizing Creative가 뛰어난 인물로 예를 들었다. 일반적인 개념에서 본 건축가, 디자이너 등에서 이와 같은 창의성 양상의 소유자를 많이 볼 수 있다.

다음으로 Conceptual하고 introverted한 창의성 양상은 Synthesizing

Creativity의 Introverted 카운터파트인 전환기반 창의성(Transforming Creativity)이다. 이러한 양상을 가진 사람은 묘사하기 어려운 이미지 및 개념 등을 직관에 의해 잘 상상해내는 능력을 갖고 있다. 외부의 물체를 볼 때, 공상과 상상 속의 개념으로 전환, 영어로 transform을 잘하는, 과정과 잘 맞는다. 공상 소설가, 미래학자 들에서 이런 창의성 양상을 갖고 있는 사람들이 많을 것이다. 대표적인 전환창의성 소유자로 오즈의 마법사의 저자 L. Frank Baum을 Wilde 교수는 예시로 들었다.

Introverted하고 Factual한 창의성 양상은 기존의 사실과 사례 등에 대한 많은 지식을 갖고 있고, 책, 인터넷, 경쟁회사 사례 등을 통하여 이러한 지식을 습득하고, 이들을 이용한 문제해결 능력을 갖는 지식(Knowledge-based)기반 창의성이다. 교육을 통한 능력 배양에 잘 익숙한 사람들이 이러한 창의성 양상을 갖고 있다. 다른 사람의 경험으로부터 자신의 문제 해결책을 찾을 수 있는 능력도 창의성인 것이다. 10%의 영감과 90%의 노력으로 성과를 이루어냈다고 하는 Thomas Edison을 대표적인 지식기반 창의성 양상의 소유자라고 할 수 있다.

Factual하고 Extroverted한 창의성 양상은 이 양상의 소유자인 Wright 형제 중 한 명인 Wilbur Wright를 예를 들어 설명할 수 있다. Wright 형제 두 명은 동전던지기로 누가 먼저 시험 비행할지를 정했는데, 그 중 Wilbur는 그의 형보다 4배가 더 많은 시간의 비행에 성공했다고 한다. 결국 비행 조종에 있어서 그의 조작능력이 더 뛰어났다는 것이다. 이와 같이 실제 행위 상황에 잘 적응하고, 변화에 빠르게 반응하는 등 외부세계의 실질적 측면의 직접적 경험을 선호하는 능력이 경험기반(Experiential) 창의성이다. 여러분들은 무도회장에서 이러한 경험기반 창의성을 몸으로 발현하는 동료들을 생각할 수 있을 것이다. 지각측면의 4가지 창의성 양상의 대표적 인물 등에 관련한 그림은 그림 4-5에 있다.

▸▸▸ 그림 4-5 지각측면에서의 4가지 창의성 양상

Introverted하고 Thinking-oriented된 창의성 양상은 문제해결 아이디어를 명확히 하기 위해 논리적이고 객관적인 방법을 통한 고찰을 하는 분석(Analyzing)기반 창의성이다. 꼼꼼히 진행하는 사색을 통하여 데이터와 이론 등의 연관성을 추론하는 능력 등이 연관된다. 나는 생각한다. 고로 존재한다고 한 Rene Descartes가 대표적인 분석기반 창의성 소유자이다.

Thinking-oriented되고 Extroverted한 창의성 양상은 외적인 사물들을 논리적으로 잘 정리하는 능력과 연계하여 설명할 수 있다. 업무 추진절차를 결정하고, 일정을 세우며, 프로젝트 및 관련 인력을 관리하는 조직(Organizing)기반 창의성이다. 대표적인 조직창의성 소유자로는 주기율표를 처음 만든 화학자 Mendelejev, 자동차 생산라인을 잘 조직 정리한 Henry Ford 등을 예로 들 수 있다.

Extroverted하고 Feeling-oriented된 창의성 양상은 인간의 감정 등을 잘 파악하여 조직원의 화합을 도모하는 팀워크(Teamwork)기반 창의성 양상이다. 리더십이 뛰어난 정치가, 장군 등에서 Teamwork 창의성 소유자의 예를 많이 찾을 수 있다. 유명한 미식축구 코치인 Knute Rockne를 Wilde는 대표적 팀워크 창의성 소유자로 예를 들었다. 우리에게는 2002년 한국축구를 세계 4강으로 이끈 히딩크 감독이 가장 와닿는 Teamwork 창의성 소유자라고 할 수 있다.

Feeling-oriented되고 Introverted한 창의성 양상은 미적, 윤리적, 도덕적 자기 자신의 가치관을 뚜렷이 갖고 있는 평가(Evaluating)기반 창의성이다. 남들은 찾지 못하는 암울한 상황에서도 아름다움을 찾아 표현하는 능력을 가진 시인 등은 이런 자기 자신의 평가 창의성을 갖고 있다고 할 수 있다. Wilde 교수는 Martin Luther King 목사, 간디 같은 외부에 굽히지 않는 자신의 가치관을 가진 인물을 Evaluating 창의성의 대표적 소유자로 예를 든다. 판단측면의 4가지 창의성 양상의 대표적 인물 등에 관련한 그림은 그림 4-6에 있다.

▸▸▸ 그림 4-6 판단측면에서의 4가지 창의성 양상

앞서 설명한 David Ullman의 창의적인 디자이너의 특징을 여기서 다시 살펴보자. 뛰어난 시각화 능력은 전환기반 창의성으로 설명될 수 있다. 창의적인 디자이너들은 풍부한 지식을 갖고 있다고 한 부분은 지식기반 창의성을 얘기하는 것이다. 부분적 문제해결안을 연계하는 능력은 조직기반 창의성으로, 또 이 부분 해결안을 만들어내는 능력은 합성기반 창의성이 설명한다. 모험을 감수하고, 긍정적 파격행위를 하기 위해서는 자기의 확고한 가치관에 기반한 평가기반 창의성이 필요하고, 창의적 디자인에 좋은 환경을 제공하는 일은 팀워크기반 창의성이 담당한다. 디자인 창의성을 반복적 연습에 의해 증진시키는 이유는 경험기반 창의성을 증진시키는 것이며, 세심한 부분에 주의를 기울이는 특성은 분석기반 창의성이 중요하게 작용한다. 자 이제 Ullman의 일반적 관찰에 의한 막연한 창의적인 디자이너의 특징이 Wilde의 8가지 창의성 양상으로 설명됨을 확인할 수 있다. 그림 4-7에서와 같이 대부분의 디자인 작업은 팀에 의해 진행된다. Wilde는 8가지의 창의성 양상을 각각 2개의 디자인 팀에서의 역할과 연계하여 설명하였다. 이와 같이 디자인 작업에는 8가지 창의성 양상이 다 필요하다. 그리고 Jung에 의하면, 우리 인간은 이들 중 2가지 양상을 선호하게 된다. 예를 들면, 저자는 아주 강한 전환기반 창의성 양상과 비교적 강한 분석기반 창의성 양상을 갖고 있다. 칙센미하이 교수의 연구에서 복합적인 성향을 갖고 있는 창의적 인물들은 아마도 서로 상이한 창의성 양상을 동시에 갖고 있는 특수한 경우라고 설명될 수 있을 것이다. 그래서 그들은 자기 자신 속에 2개의 상이한 양상의 모습을 갖고 있어, 2사람이 협력하여야 할 수 있는 일을 혼자서도 해낼 수 있었을 수 있다. 그러나 대부분의 경우에는 지각측면에서 한 가지, 판단측면에서 한 가지의 창의성 양상을 갖는 것이 일반적이다.

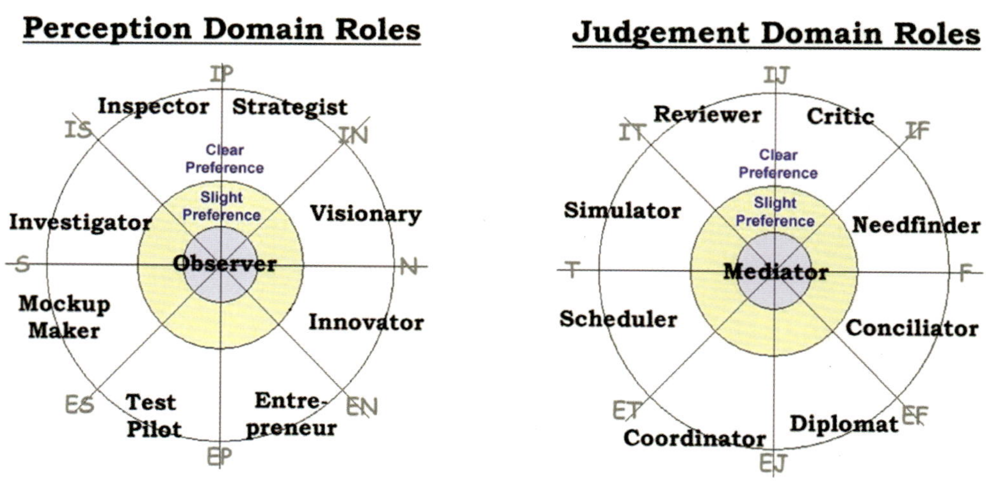

▸▸▸ 그림 4-7 8가지 창의성 양상과 디자인 역할(Wilde, 1999)

Stanford 대학의 Wilde 교수의 8가지 창의성 양상은 Stanford 대학 인근의 Silicon Valley 지역 Human Resource 분야 전문가인 Levesque도 관련 특성을 설명한다(Levesque, 2001). Wilde와 Levesque가 설명한 각각의 창의성 양상을 갖고 있는 사람의 특성을 그림4-8에 정리하였다.

PERCEPTION		JUDGEMENT	
Synthesizing Creativity 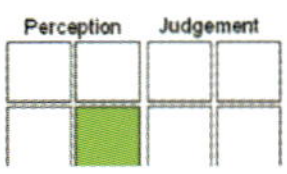	▪ rearranging various elements into new configurations ▪ seeing external patterns, trends, and relationships ▪ exploring profitable new things and methods	**Organizing Creativity** 	▪ organizing and managing people and projects to achieve goals ▪ managing resources efficiently and enforcing specifications ▪ setting deadlines, defining procedures, and breaking bottlenecks
Transforming Creativity 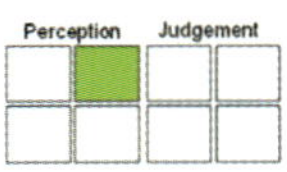	▪ transforming external objects as imagery things ▪ speculating project and product future ▪ imagining hard-to-describe images and futuristic possibilities	**Analyzing Creativity** 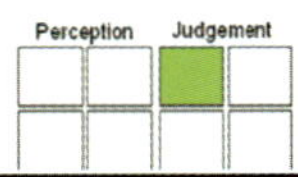	▪ internal reflective reasoning on relations among data and theories ▪ clarifying ideas through analyzing by internal reasoning ▪ comparing results with goals and standards
Experiential Creativity 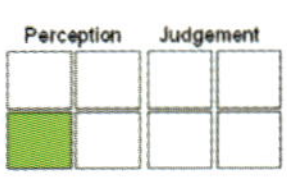	▪ discovering new ideas and phenomena by direct experience ▪ providing prompt, practical responses to crisis and emergencies ▪ building and testing models and prototypes	**Teamwork Creativity** 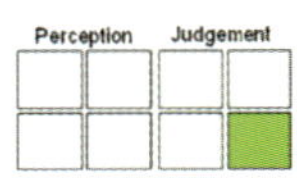	▪ building environment to support human values ▪ detecting and fixing team interpersonal problems ▪ harmonizing team, client, and consumer
Knowledge-based Creativity 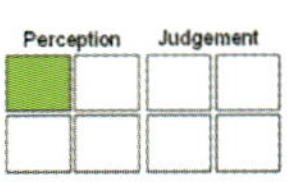	▪ finding elements of solution in catalogs, handbooks, or class notes ▪ getting or having existing facts and know-how ▪ detecting and correcting mistakes	**Evaluating Creativity** 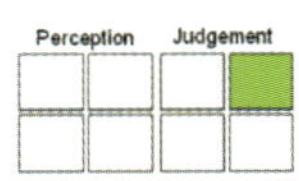	▪ using personal values to distinguish between good and bad ▪ governed by a person's own values - aesthetic, ethical, moral and spiritual ▪ evaluating human factors and people's needs

▸▸▸ 그림 4-8 8가지 창의성 양상 특징(Wilde & Labno, 2001, Levesque, 2001)

개인 창의성 양상과 디자인 팀

앞에서 설명한 8가지의 창의성 양상이 디자인 작업에 다 필요한데, 일반 디자이너 개인이 지각측면 및 판단측면에서 각각 1가지 창의성 양상에 대한 선호성향을 갖는다면, 과연 나머지 6가지 창의성 양상에 연계된 디자인 역할은 어떻게 해결하여야 하겠는가. 디자이너 스스로 자신의 창의성 양상이 무엇인지를 파악한 상황에서, 과연 어떻게 자신의 창의성 양상에 연계된 디자인 역할과 그 나머지 역할을 효과적으로 수행하여야 하는가. 이와 같은 질문에 대한 해결이 디자인 프로세스의 운영 및 디자인 팀의 구성 및 운영에 있어서 매우 중요한 역할을 한다.

개인 창의성 양상을 정의한 Stanford 대학의 Wilde 교수는 Stanford 대학 Design Division의 다양한 디자인 프로젝트 기반 교육 상황에 이 창의성 양상에 기반한 팀 구성을 이용하였다. Stanford에서 시작된 창의성 양상 기반 디자인 팀 구성 방안은 여러 다른 대학으로 확산되었으며, 저자의 Creative Design Institute의 주도적 역할로 성균관대학교의 창의적공학설계, 4학년 학생들을 대상으로 하는 학제간융합제품디자인 교과목 등을 비롯한 다양한 설계교육 상황에서 이용되고 있다.

창의성 양상 기반 팀 구성 방법

설계 프로젝트 팀 구성을 위해 개인 창의성 양상 테스트(Personal Creativity Modes Test, PCMT)의 결과를 반영하는 목적은 팀의 다양성(Diversity)의 제공에 있다 하겠다. 각 팀을 최대한 다양한 학생들로 구성하기 위한 요소로는 성별, 학년(경험적 다양성), 전공(전문적 다양성), 그리고 개인창의성 양상(창의적 다양성)으로, 각 학생별로 이 4가지 데이터를 수집한다. 약칭을 이용하여 개인창의성 양상은 지각측면(Perception)에서 IS, IN, ES, EN으로, 판단측면(Judgment)에서 IT, IF, ET, EF로 그림 4-9에 다시 한번 정리하여 표현하였다. PCMT의 결과는 웹사이트에서 아래 그림 4-10과 같이 알아볼 수 있다.

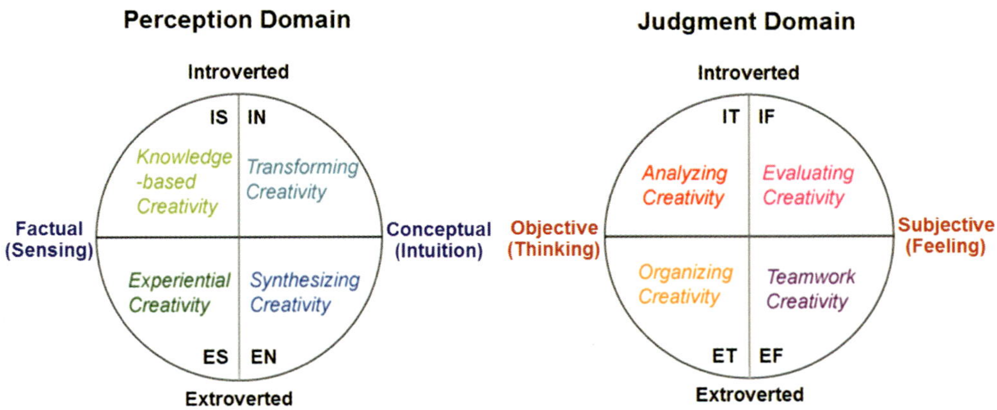

▸▸▸ 그림 4-9 8가지 창의성 양상의 약칭

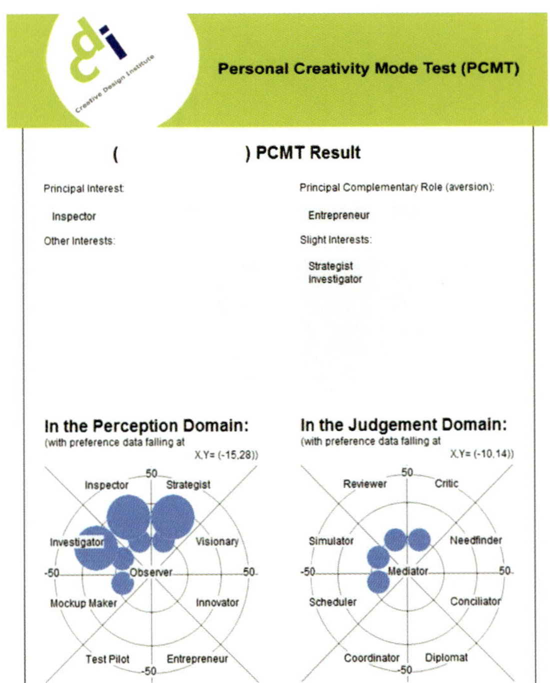

▸▸▸ 그림 4-10 학생 PCMT 결과

위와 같은 두 개의 각 측면에서 대각선 방향의 창의성 양상을 가지는 구성원과는 팀 내에서 서로 상호보완적인 역할을 하는 것으로 본다. 예를 들어, 그림 4-11 (a)에서와 같이 한 팀 내에서 A학생이 IS와 ET 양상을 가지는데 B학생이 똑같은 양상을 가지고 있다면 이는 팀 구성 시 피해야 하는 상황이다. 한편, 그림 4-11 (b)에서와 같이 A학생이 IS와 EF 양상을 가지고 있는데 B학생이 IT와 EN 양상을 가진다면 A의 IS는 B의 EN과 상호보완적이며, A의 EF는 B의 IT와 상호보완적이므로 가장 이상적인 상황이라 할 수 있겠다. 물론 모든 팀원을 상호보완적으로 배려하여 구성할 수 없는 상황이 있을 수 있으므로 이 경우에는 그림 4-11 (c)와 같이 서로 한 가지 정도의 상호보완적인 양상을 가진 팀원과 배치를 할 수 있다.

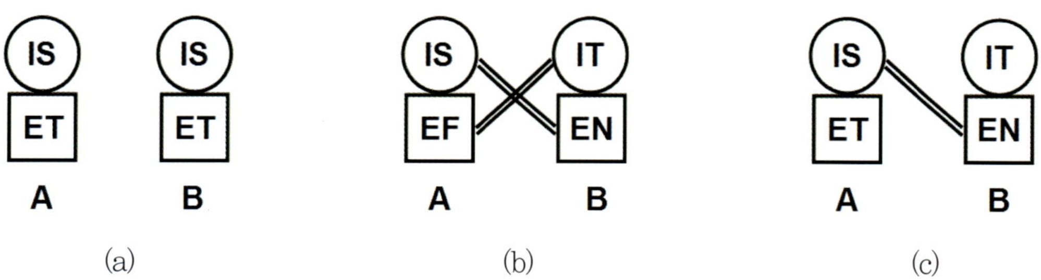

▸▸▸ 그림 4-11 팀 구성 방법

성균관대 창의적공학설계 과목의 경우 한 반이 약 50명 정도의 학생들이 수강하는데, 2008년 성균관대학교 창의적공학설계를 수강한 학생들 중 12명을 팀 구성한 사례를 소개하고자 한다. 먼저 앞서 설명한 4가지의 학생 데이터, 성별, 학년, 전공 그리고 PCMT 모드를 입력한다. 다음에 각 팀 구성원을 몇 명씩으로 할 것인지를 정한 후, 성별, 학년과 전공이 다른 학생들은 각각 분리해둔다. 그 후 팀 구성을 하고자 하는 반에서 가장 높은 빈도를 보이는 모드를 선택해 그와 상호보완적인 모드를 가진 학생이 어떤 팀에서 가장 이상적인 구성원이 될 것인지를 배치해 보면서 팀으로 묶어 나간다. 마지막으로 전체적으로 8가지의 창의성 양상이 한 팀에 최대한 균등하게 분포되었는지를 고려하여 팀 구성을 마무리한다.

본 사례의 경우는 한 팀의 정원은 4명으로 하였으며 최종적으로 다음 그림 4-12와 같이 구성되었다. 각 학생의 경우 더욱 두각을 나타낸 창의성 양상을 제1창의성 양상, 2번째로 두각을 나타내는 양상을 제2창의성 양상이라고 정의하였다. 먼저 성별, 학년이 다른 3명, P-01, P-05, P-09의 학생을 분리하였다. 본 사례의 반에서 가장 높은 빈도를 보인 학생들의 제1창의성 양상은 evaluating mode였다. evaluating 양상을 지닌 P-02 학생의 경우 학년에 의해 분리 배치해둔 P-01 학생의 organizing mode와 상호보완적인 관계에 있다. 두 학생의 제2창의성 양상 또한 knowledge-based mode와 synthesizing mode로 상호보완적인 관계이므로 이상적인 팀 멤버라 할 수 있어 함께 1조에 구성하였다. 1조의 다른 팀원인 P-03의 경우 제1창의성 양상이 teamwork mode이므로 analyzing mode를 가진 P-04와 서로 이상적인 팀원이라 할 수 있다.

여학생이면서 학년과 전공이 달라 분리 배치해둔 P-05 학생의 제1창의성 양상인 synthesizing mode와 상호보완적인 관계에 있는 knowledge-based mode가 제1창의성 양상인 학생은 많지 않아 제2창의성 양상이 knowledge-based mode인 P-06과 한 팀으로 구성하였다. 2조의 다른 팀원인 P-07과 P-08도 제1창의성 양상과 제2창의성 양상인 teamwork mode와 analyzing mode가 서로 보완적인 관계이므로 2조에 함께 배치하였다.

역시 학년이 달라 분리 배치해둔 P-09 학생의 제1창의성 양상인 transforming과 상호보완적인 관계에 있는 experiential mode가 제2창의성 양상인 P-10과 한 팀으로 구성하였다. 반면 P-11의 제1창의성 양상인 synthesizing mode는 P-10의 제1창의성 양상인 knowledge-based mode와 상호보완적인 관계에 있다. 공학계열 학생들의 경우 한 반에 가장 높은 빈도를 보인 제1창의성 양상인

evaluating mode 학생들이 약 1/3 정도였다. 그러므로 P-12의 경우, 전체적으로 8가지의 창의성 양상이 한 팀에 최대한 균등하게 분포되었는지를 고려하면서 제1창의성 양상이 evaluating mode이지만 teamwork mode가 빠져 있는 3조에 구성되었다.

아래 그림 4-12에서 빨간색의 supporting mode는 각자의 제1창의성 양상이 서로 상호보완적인 관계에 있는 것이며 파란색의 supporting mode는 한 학생의 제1창의성 양상과 다른 학생의 제2창의성 양상이 서로 상호보완적인 관계에 있는 것을 의미한다. 8가지 창의성 양상에 본 사례의 팀 구성 상황을 매핑한 것은 그림 4-13과 같았다.

	성별	학번	전공	이름	창의성 양상 1	창의성 양상 2		창의성 양상 3		팀
Supporting mode	M	03	공학계열	P-01	organizing	knowledge-based	teamwork	analyzing	transforming	1
	M	08	공학계열	P-02	evaluating	synthesizing	analyzing			1
Supporting mode	M	08	공학계열	P-03	teamwork	synthesizing		evaluating		1
	M	08	공학계열	P-04	analyzing	transforming		synthesizing	organizing	1
Supporting mode	F	04	경영학부	P-05	synthesizing	organizing		transforming		2
	M	08	공학계열	P-06	evaluating	knowledge-based	teamwork	transforming		2
Supporting mode	M	08	공학계열	P-07	teamwork	transforming		synthesizing	evaluating	2
	M	08	공학계열	P-08	evaluating	analyzing				2
Supporting mode	M	04	기계공학부	P-09	transforming	analyzing	evaluating	synthesizing		3
Supporting mode	M	08	정보통신계열	P-10	knowledge-based	experiential	transforming			3
	M	08	공학계열	P-11	synthesizing	evaluating		teamwork		3
	M	08	공학계열	P-12	evaluating	teamwork				3

▸▸▸ 그림 4-12 학생들의 PCMT에 따라 팀을 구성한 사례

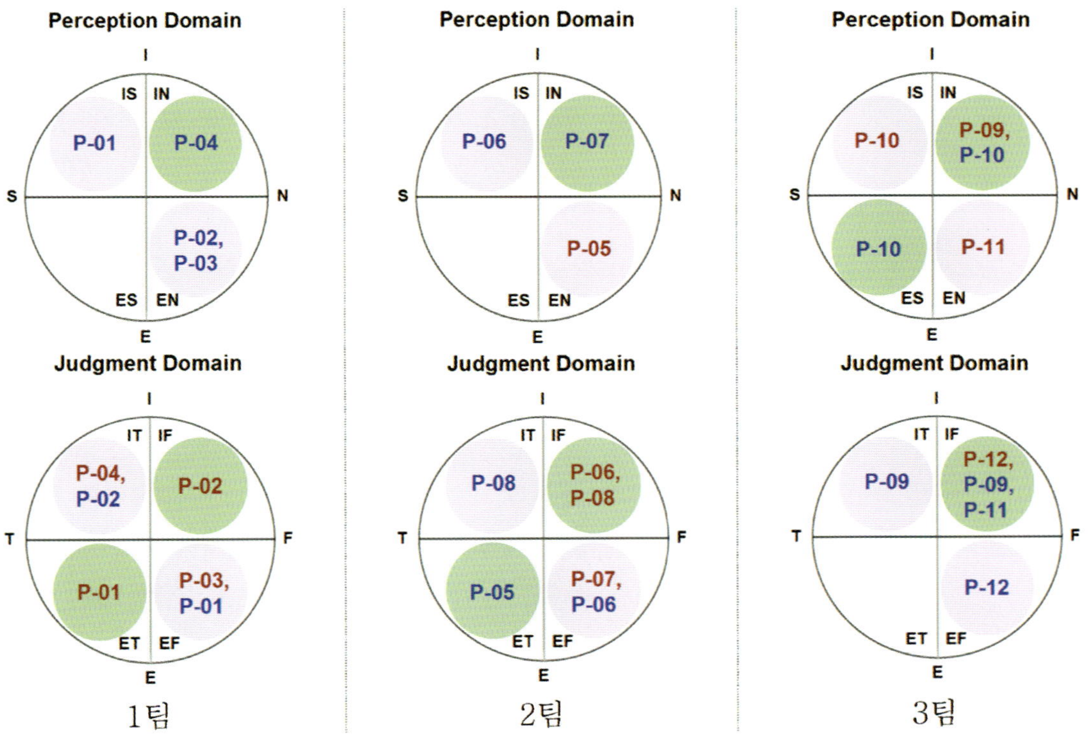

▸▸▸ 그림 4-13 창의성 양상과 팀 구성의 매핑

3. 창의성 증진

다양하고 신속한 변화를 요구하는 현대사회에서 창의성은 점점 더 중요한 요소로 떠오르고 있다. 현 시대에서는 급변하는 사회 변화에 발맞춤과 동시에 수동적으로 습득되는 지식을 넘어서, 그 지식을 기반으로 하는 새로운 문제 해결 능력을 요구하고 있기 때문이다. 따라서 어느 분야를 막론하고, 창의성에 대한 연구에 대한 관심은 증대되었고, 그 결과 학문적인 연구를 통하여 인간의 창의성을 이해할 수 있는 지평을 넓힐 수 있게 되었다.

특별히 설계 창의성에 있어서의 창의성은 아이디어 생성과 연결지어져 논의되어 왔다. 추상적인 것이든, 구체적인 물체에 대해서든 좋은 아이디어는 하나의 창의적 산물의 실체로서 여겨져 왔고, 반드시 좋은 아이디어가 창의적인 것이 아니라도 창의적 산물은 좋은 아이디어와 연결되어 있음을 시사해 왔다. 따라서 그동안의 설계 창의성은 새롭고 독창적인 아이디어를 생산하는 용량(capacity)의 개념으로서 받아들여져 왔다. 이에 설계 창의성을 향상시키기 위한 방법론들은 아이디어의 생성을 극대화하는 데 맞춰져 왔다. 브레인스토밍이 그 중 대표적인 예이다.

설계 창의성은 여러 가지 근본적인 인지적인 요소와 정서적인 요소로서 구성된 것으로 파악될 수 있다. 따라서 근본적인 설계 창의성에 대한 개념을 정립하는 것부터가 중요하다. 이에 Creative Design Institute에서는 설계 창의성 교육을 위한 설계 문제 해결 능력의 독특한 인지적 과정과 근본적인 인지적 요소의 규명 및 이의 증진수단을 모색해 왔다. 2장에서 설명한 것처럼 시각적 추론 능력이 중요한 설계 창의성의 한 요소로서 파악되어 왔으며(Kim et al., 2005), 설계 과정에서의 시각추론을 분석함으로써 디자인 추론 모델이 개발되었다(Park and Kim, 2007). 여기서는 이와 같은 연구의 결과 중 하나인 창의성의 인지요소 증진 방법을 소개한다(Kim et al., 2008).

창의성 인지 요소 훈련 프로그램

그 동안의 창의성 교육 연구는 창의성이 독특함, 다양함으로 표현되는 확산적 사고라는 인식에 편중하여 진행되어 온 경우가 많았다. 그러나 창의성이 갖는 요소들은 다양하게 구성되어 있다. 즉, 창의성은 창의적 사고를 가능하게 하는 일반 지식과 영역 특수적 지식, 다양하고 독창적인 아이디어를 생성하게 하는 확산적 사고 능력, 아이디어의 적절성과 실현 가능성을 검토하게 하는 수렴적 사고 등 인지적 영역과 더불어 호기심, 위험 감수성, 애매모호함에 대한 참을성 등 정서적 영역, 환경적인 요인들로 구성되어 있다. 이러한 요인들이 복합적으로 상호 작용하여 창의성이 발휘되는 것인데, 과거의 창의성 교육 프로그램은 확산적 사고 기술의 훈련에 치우쳐져 있어, 단편적으로 제시된 것으로서 종합적인 창의성 향상을 아우르기에는 부족하다. 따라서 각 요인이 무엇인지 먼저 파악하고, 총체적인 안목에서 교육 프로그램을 개발하는 것이 중요하다.

본 교재에서는 설계 창의성의 인지적 측면을 고려한 교육 프로그램 개발에 초점을 맞추었다. 이와 같은 프로그램 개발은 개개인의 맞춤 교육을 실현시키기 위한 목적에서 시작되었다. 개개인의 인지적인 능력은 요소별로 다 다를 수 있기 때문이다. 예를 들어, 어떤 이는 유창성이 뛰어나지만, 독창성이 부족하고, 어떤 이는 융통성을 타고 났지만, 문제 민감성 부분은 떨어질 수가 있다. 따라서 각 필요 영역의 개별적인 측면을 집중적으로 향상시켜 줄 필요성이 있는 것이다. 이에 우리는 먼저 설계 창의성의 인지적 요인들을 분석하고, 이들의 특징을 파악하며, 각 요소들의 능력을 증진시키기 위한 훈련 프로그램을 개발하였다.

창의성 인지 요소

설계 창의성은 Treffinger의 설계학습모델(Treffinger, 1980)에 따르면 인지적 요소와 정서적인 요소로 구분될 수 있다. 이 중에서도 창의적 설계 사고 능력과 관련 있는 인지적 요소에 초점을 두고자 한다. Treffinger의 인지적 측면은 유창성, 융통성, 독창성, 정교성 그리고 기억력으로 구성되어 있다. 우리는 이 가운데서 유창성, 융통성, 독창성, 정교성을 포함시키고 여기에 문제 민감성까지 포함, 5가지 요소로 창의성의 인지적 측면을 구성하였다. Treffinger의 인지와 기억력은 다른 요소들과도 공통된 측면을 가지고 있기 때문에, 굳이 별개의 요소로 구분할 필요가 없다. 문제 민감성은 다른 연구자들에 의해서도 창의성의 중요 요소로서 언급되어 왔으며(Guilford & Hoepfner, 1971, Urban, 1995), 최근 Kraft 논문에서도 이 다섯 가지 요소가 창의성의 인지요소로서 언급된 바 있

(Kraft, 2005). 각 다섯 가지에 대해서는 표 4-1에서 보이는 바와 같이 정의를 내릴 수 있다.

▸▸▸ 표 4-1 다섯 가지 창의성의 인지 요소

유창성	Guilford & Hoepfner	한 가지 주어진 특정한 문제 상황에 대해서 제한된 시간 안에 가능한 한 많은 양의 아이디어를 산출해내는 능력. 즉, 일정한 범주 안에서 많은 아이디어를 산출하는 능력
	Urban	의미 있는 해결책의 수
	Kraft	한 단어가 제시되었을 때 생각해낼 수 있는 아이디어, 문장, 연상의 개수
융통성	Guilford & Hoepfner	문제 해결을 고정적인 사고방식이나 시각 자체를 변환시켜 바꿀 수 있는 적응력. 문제 상황을 자발적으로 변동시킬 수 있는 사고 능력
	Urban	다양한 범주(category)에서 아이디어를 찾는 능력
	Kraft	가능한 답안을 모색하는 동안에 다양한 해결책을 제시할 수 있는 능력
독창성	Guilford & Hoepfner	희귀하고 참신하며 독특한 아이디어나 해결책을 산출하는 능력
	Urban	통계적으로 희귀한 아이디어를 창출해내는 능력
	Kraft	다른 사람들은 제시할 수 없는 자기만의 독특한 아이디어를 발전시킬 수 있는 능력
정교성	Guilford & Hoepfner	세밀하게 구체화할 수 있는 능력. 상황에 따라 대안적인 방법을 생산하는 능력. 아이디어를 적절한 표상으로서 상징화할 수 있는 능력.
	Urban	아이디어를 현실화시킬 수 있는 능력. 제안된 아이디어를 세밀하게 다듬어 발전시켜 표현하는 능력
	Kraft	아이디어를 공식화하고 확장시켜서 실제적인 산물로 완성시킬 수 있는 능력
문제 민감성	Guilford & Hoepfner	새로운 장치와 방법, 변화에 대한 필요를 인식할 수 있는 능력
	Urban	일상생활에서 접할 수 있는 문제나 주위 환경에 대해서 세심한 관심을 가지고, 당연히 여겨지는 것에 대해서도 의문을 품고 새로운 문제를 발견하는 능력
	Kraft	과제 안에서의 중심적인 도전을 인식하고 그와 연관된 어려움을 인지할 수 있는 능력

창의성 인지요소 훈련 프로그램 소개

이 프로그램은 다섯 가지의 설계 창의성 요소를 중심으로 각각의 요소를 개별적으로 증진시킬 목적으로 개발되었다. 이 훈련 프로그램은 이야기 만들기, 공감각 이용하기, 부정하기, 블랙박스 채우기, 다양하게 분류하기 이렇게 다섯 가지 프로그램 패키지로 구성되어 있다. 각각의 다섯 가지 프로그램은 서로 다른 설계 창의성의 요소를 중점적으로 향상시킬 수 있도록 구성되어 있다. 각 프로그램의 창의성 인지 요소에 대한 연계성 정도는 표 4-2에서 보는 바와 같다.

▸▸▸ 표 4-2 창의성 인지 요소 훈련 프로그램과 창의성 인지 요소의 증진 정도

	유창성	융통성	독창성	정교성	문제 민감성
이야기 만들기		상	하	중	
공감각 이용하기		중			상
부정하기		상	중		하
블랙박스 채우기	상		하	하	
다양하게 분류하기		상			중

이야기 만들기

이야기 만들기는 학생들에게 주어진 세 가지 그림의 순서에 따라 서로 다른 이야기를 만들도록 하는 훈련 프로그램이다. 같은 그림이 반복적으로 제시되지만 순서가 다르게 제시되므로, 각 제시 순서마다 다른 이야기를 전개시킴으로써 융통성을 증진시키도록 한다. 이야기의 흐름을 논리적으로 전개하고, 각 이야기들을 구체화시킴으로써 정교성을 증진시킬 수 있으며, 독특한 이야기 구성을 시킴에 따라 독창성을 증진시킬 수 있다.

공감각 이용하기

공감각 이용하기는 학생들에게 사물이나 추상적인 개념에 대해서 오감에 대한 표현을 하게 하는 훈련 프로그램이다. 평상시 생각해 보지 못했던 관점에서 사물이나 추상적인 개념에 대한 감각을 서술하게 함으로써, 발견하지 못했던 새로운 특성을 찾아낼 수 있도록 문제에 대한 민감성을 길러주며, 주어진 단어에 대해서 실제로는 오감으로 표현될 수 없는 느낌까지 표현하도록 함으로써 융통성을 기를 수 있게 한다.

부정하기

부정하기는 학생들에게 주어진 사물에 대해서 의도적으로 부정하도록 하여 새로운 기능이나 형태를 부여할 수 있도록 하는 훈련 프로그램이다. 사물에 대한 고정관념을 깨도록 함으로써 융통성을 기를 수 있고, 그 사물에 다른 독특한 특성을 부여하도록 함으로써 독창성을 기를 수 있다.

블랙박스 채우기

블랙박스 채우기는 주어진 시간 동안 투입(input)과 결과(output)의 요소를 연결시키면서 가능한 많은 블랙박스를 채우도록 하는 프로그램이다. 짧은 시간 동안 많은 답을 창출하도록 노력함으로써 유창성을 기를 수 있고, 이 활동을 통해 투입과 결과의 요소를 논리적으로 연결시킬 수 있도록 설명하는 훈련을 하도록 함으로써 정교성을 기를 수 있다. 각 투입과 결과의 요소의 독특한 연결고리를 만듦으로써 독창성을 기를 수 있다.

다양하게 분류하기

다양하게 분류하기는 학생들이 주어진 17가지 물체에 대하여 2가지로 분류하도록 하는 프로그램이다. 총 5번 같은 물체들에 대해서 매회 다른 기준을 가지고 분류하기를 하는 활동을 통해 융통성을 기를 수 있으며, 각 물체들의 특성을 계속 찾도록 하기 때문에 문제 민감성을 기를 수 있다.

창의성 인지 요소 훈련 프로그램 지도 방법

이야기 만들기(Copyright © 2009 Creative Design Institute)

<table>
<tr><th>프로그램 명</th><th colspan="2">이야기 만들기</th></tr>
<tr><td>창의성 인지 요소</td><td colspan="2">융통성, 정교성, 독창성</td></tr>
<tr><td>프로그램 목표</td><td colspan="2">이야기 만들기 프로그램을 통하여
(1) 제시된 사진 자료의 순서를 뒤바꾸어 가면서 사진자료에 대한 다양한 이야기를 만들어 봄으로써 다양한 시각을 변화시켜야 하는 융통성을 기른다.
(2) 주어진 사실들의 인과관계를 추론하여 구체화시키는 정교성을 기른다.
(3) 독특하고 새로운 이야기를 만드는 활동을 통하여 독창성을 기른다.</td></tr>
<tr><td>소요시간</td><td colspan="2">40분</td></tr>
<tr><td rowspan="3">프로그램 과정</td><td>도입 (10분)</td><td>1. 프로그램 목표에 대해 안내한다.
- 이 프로그램을 통해서 융통성, 정교성, 독창성을 기를 수 있음을 명시한다.
2. 둘씩 짝을 지어 앉도록 한다.
3. 프로그램지를 배부한다.
4. 다음의 지시사항을 전달한다.
- 세 개의 그림들을 연결시켜 이야기를 만드는 활동입니다.
- 같은 그림이라도 제시된 순서가 다르면 각각의 이야기는 서로 다른 새로운 이야기가 됩니다.
- 아래 제시된 그림 순서에 따라, 독창적인 이야기를 이야기의 연결이 자연스럽고 흥미 있도록 만들어보세요.</td></tr>
<tr><td>전개 (20분)</td><td>프로그램지의 순서에 따라 이야기 만들기 프로그램 진행
(1) 독창적인 글을 쓰도록 한다.
(2) 지시된 순서에 따라 각각 새로운 이야기를 써야 함을 강조한다.</td></tr>
<tr><td>정리 (10분)</td><td>[평가] 짝진 팀끼리 서로의 이야기를 읽어보고, 평가하기
- 둘씩 짝지어진 팀끼리 서로의 이야기를 교환해서 읽어보도록 하고, 짝의 이야기에 대해 10점 만점의 점수를 부여하고, 점수에 대한 설명과 평가문을 쓰도록 한다.
- 서로에 대한 평가를 함으로써 훈련 프로그램에 대한 이해를 높일 수 있다.
- 잘되었다고 평가된 이야기를 서로 발표하도록 한다.
- 다른 사람의 이야기를 들음으로써, 다른 사람의 융통성 있고 독창적인 아이디어의 전개 방식을 탐색해 보고 자신의 부족한 점을 생각하도록 한다.</td></tr>
<tr><td>유의점</td><td colspan="2">- 매회 이야기의 전개가 다르게 진행되도록 주의를 준다.
- 학생들이 평가와 정리의 시간을 통해 서로 보완할 수 있도록 가이드한다.</td></tr>
</table>

이야기 만들기 활동지(Copyright ⓒ 2009 Creative Design Institute)

이 프로그램의 목표는
제시된 사진 자료의 순서를 뒤바꾸어 가면서 사진자료에 대한 다양한 이야기를 만들어봄으로써 다양한 시각을 변화시켜야 하는 융통성을 기른다.

주어진 사실들의 인과관계를 추론하여 구체화시키는 정교성을 기른다.

독특하고 새로운 이야기를 만드는 활동을 통하여 독창성을 기른다.

■ 세 개의 그림들을 연결시켜 이야기를 만드는 활동입니다.
같은 그림이라도 제시된 순서가 다르면 각각의 이야기는 서로 다른 새로운 이야기가 됩니다.
아래 제시된 그림 순서에 따라 독창적인 이야기를 이야기의 연결이 자연스럽고 흥미있도록 만들어보세요.

Story 1)

Story 2)

Story 3)

공감각 이용하기(Copyright ⓒ 2009 Creative Design Institute)

프로그램 명		공감각 이용하기
창의성 인지요소		문제의 민감성, 융통성
프로그램 목표		공감각 이용하기를 통하여 (1) 제시된 자극(구체물/추상적 개념)을 오감으로 해석하여 표현해보는 활동을 통해 주어진 자극을 이해하고 새로운 의미를 발견하는 문제 민감성을 기른다. (2) 주어진 단어에 대해서 실제로는 오감으로 표현될 수 없는 느낌까지 표현하도록 함으로써 융통성을 기른다.
소요시간		60분
프로그램 과정	도입 (10분)	1. 프로그램 목표에 대해 안내한다. – 이 프로그램을 통해서 융통성, 독창성, 문제의 민감성을 기를 수 있음을 명시한다. 2. 둘씩 짝을 지어 앉도록 한다. 3. 프로그램지를 배부한다. 4. 지시사항을 전달한다. – 아래 단어들을 모양, 색깔, 소리, 촉감, 맛, 냄새로 표현한다면 어떻게 나타낼 수 있는지 상상하여 묘사해주세요.
	전개 (15분)	사물에 대한 공감각 이용하기 프로그램 실시 (1) 사물에 대한 기존의 감각을 그대로 쓰지 않고, 새로운 감각을 상상해내도록 한다. (2) 사물에 대한 새로운 감각을 부여함으로써, 새로운 특징의 사물이 창출될 수 있도록 한다.
	중간 정리 (10분)	[평가] 짝진 팀끼리 서로의 공감각 이용하기를 읽어보고, 평가하기 – 서로의 공감각 이용하기에서 공감되는 부분과 그렇지 않은 부분을 평가해 봄으로써, 서로의 장단점을 파악할 수 있다. – 훈련에 대한 이해력을 높일 수 있다. – 잘 된 공감각 이용하기를 발표시키고, 학생들은 다른 사람의 새로운 아이디어를 통해 자신의 아이디어와 접목시켜, 공감각 이용하기를 확장시켜 생각할 수 있다.
	전개 (15분)	추상 명사에 대한 공감각 이용하기 프로그램 실시 (1) 추상적인 단어에 대해서 평상시 가질 수 없었던 오감에 대해서 상상하여 표현하도록 한다. (2) 추상적인 개념에 대해 새로운 의미를 부여함으로써, 기존의 단어의 특성을 스스로 확장시켜 나갈 수 있음을 발견하도록 한다.
	정리 (10분)	[평가] 짝진 팀끼리 서로의 공감각 이용하기를 읽어보고, 평가하기
유의점		추상 명사에 대한 공감각 이용하기에 대한 문제는 더 어렵기 때문에 사물에 대한 공감각 이용하기를 중간 정리 시간을 통해서 확실히 이해시키도록 함으로써, 다음 프로그램을 더욱 효율적으로 진행할 수 있도록 한다.

공감각 이용하기 활동지(Copyright ⓒ 2009 Creative Design Institute)

이 프로그램의 목표는
제시된 자극(구체물/추상적 개념)을 오감을 통하여 해석하여 표현해보는 활동으로서 주어진 자극을 이해하고 새로운 의미를 발견하는 문제의 민감성을 기른다.

아래 단어들을 모양, 색깔, 소리, 촉감, 맛, 냄새로 표현한다면 어떻게 나타낼 수 있는지 상상하여 묘사해주세요.

(1) 핸드폰
- 핸드폰의 모양/색깔? ______________________________
- 핸드폰의 소리? ______________________________
- 핸드폰의 촉감? ______________________________
- 핸드폰의 맛? ______________________________
- 핸드폰의 냄새? ______________________________

(2) 펜
- 펜의 모양/색깔? ______________________________
- 펜의 소리? ______________________________
- 펜의 촉감? ______________________________
- 펜의 맛? ______________________________
- 펜의 냄새? ______________________________

(3) 의자
- 의자의 모양/색깔? ______________________________
- 의자의 소리? ______________________________
- 의자의 촉감? ______________________________
- 의자의 맛? ______________________________
- 의자의 냄새? ______________________________

(4) 컴퓨터
- 컴퓨터의 모양/색깔? ______________________________
- 컴퓨터의 소리? ______________________________
- 컴퓨터의 촉감? ______________________________
- 컴퓨터의 맛? ______________________________
- 컴퓨터의 냄새? ______________________________

(5) 카드
- 카드의 모양/색깔? ______________________________
- 카드의 소리? ______________________________
- 카드의 촉감? ______________________________
- 카드의 맛? ______________________________
- 카드의 냄새? ______________________________

부정하기(Copyright ⓒ 2009 Creative Design Institute)

프로그램 명	부정하기	
창의성 인지요소	융통성, 독창성, 문제 민감성	
프로그램 목표	부정하기 프로그램을 통하여 (1) 기존의 사물에 대하여 부정하여 사물에 대한 고정관념을 깨고 강제적으로 관점을 변화시켜 새로운 사물을 만들거나 기존의 사물을 새롭게 변화시키는 활동으로서 융통성과 독창성을 기른다. (2) 제시 자극을 부정하고 다른 사물로 강제로 변화시킴으로써 제시 자극이나 다른 사물이 갖는 특성을 이해하고 분석하여 주어진 자극에 새로운 의미를 부여하는 문제의 민감성을 기른다.	
소요시간	60분	
프로그램 과정	도입 (10분)	1. 프로그램 목표에 대해 안내한다. – 이 프로그램을 통해서 문제의 민감성과 융통성을 기를 수 있음을 명시한다. 2. 둘씩 짝을 지어 앉도록 한다. 3. 프로그램지를 배부한다. 4. 지시사항을 전달한다. – 주어진 사물을 부정하여 그 사물에 대한 새로운 아이디어를 떠올려봅시다. – '새로운 의자/새로운 사물'을 만들기 위한 아이디어를 제시해봅시다.
	전개 (15분)	의자 부정하기 프로그램 실시 (1) 의자에 대해서 의미 있게 부정하도록 한다. (2) 새로운 기능 또는 형태를 발견하여 새로운 산물을 창출할 수 있도록 한다.
	중간 정리 (10분)	[평가] 짝진 팀끼리 서로의 부정하기를 읽어보고, 평가하기 – 서로의 부정하기를 통해 새로운 관점에서의 창출된 산물을 비교하고, 아이디어를 공유할 수 있다. – 발표를 통해 다른 사람의 이야기를 들음으로써, 자신의 부족한 점을 생각해보고 새로운 아이디어의 전환점을 얻을 수 있다.
	전개 (15분)	장바구니 부정하기 프로그램 실시 (1) 장바구니를 다른 각도에서 부정하기 (2) 새로운 장바구니를 창출하기 위해, 장바구니에서 장바구니가 아닌 사물을 접목시키기
	정리 (10분)	[평가] 짝진 팀끼리 서로의 부정하기를 읽어보고, 평가하기 – 평가를 통해 자신이 발견하지 못했던 부분에 대해서 생각해볼 수 있게 한다. – 다른 사람의 이야기를 들음으로써, 새로운 생각의 전환점을 찾는다.
유의점	각각의 사물에 대해서 5번의 부정하기를 할 때, 계속해서 부정하기 관점의 변화를 줄 수 있도록 주의시켜준다.	

부정하기 활동지(Copyright ⓒ 2009 Creative Design Institute)

이 프로그램의 목표는
기존의 사물에 대하여 부정하여 사물에 대한 고정관념을 깨고 강제적으로 관점을 변화시켜 새로운 사물을 만들거나 기존의 사물을 새롭게 변화시키는 활동으로서 융통성과 독창성을 기른다.

제시 자극을 부정하고 다른 사물로 강제로 변화시킴으로써 제시 자극이나 다른 사물이 갖는 특성을 이해하고 분석하여 주어진 자극에 새로운 의미를 부여하는 문제의 민감성을 기른다.

주어진 사물을 부정하여 그 사물에 대한 새로운 아이디어를 떠올려봅시다.

1. '새로운 의자/새로운 사물'을 만들기 위한 아이디어

이것은 의자가 아니다.
이것은 ____________이다.
이것은 __________________________의 특징을 갖는다.
그래서 나는 _____________________한 ______________를 만들고 싶다.

블랙박스 채우기(Copyright © 2009 Creative Design Institute)

프로그램 명	블랙박스 채우기	
창의성 인지요소	유창성, 독창성, 정교성	
프로그램 목표	블랙박스 채우기 프로그램을 통하여 (1) 제한된 시간에 제시된 개념들을 사용하여 원인과 결과를 연결시키는 블랙박스의 과정을 가능한 한 많이 하도록 함으로써 유창성을 기른다. (2) 쉽게 연합되지 않는 원인과 결과를 논리적으로 연결하여 진술함으로써 독창성과 정교성을 기른다.	
소요시간	40분	
프로그램 과정	도입 (10분)	1. 프로그램 목표에 대해 안내한다. - 이 프로그램을 통해서 융통성, 독창성, 문제의 민감성을 기를 수 있음을 명시한다. 2. 둘씩 짝을 지어 앉도록 한다. 3. 프로그램지를 배부한다. 4. 지시사항을 전달한다. - 아래의 input 목록의 요소들을 블랙박스에 넣으면 output 요소들이 만들어집니다. - 어떤 input 요소를 넣으면 블랙박스의 어떤 과정을 통하여 어떤 output이 산출되었는지 설명하세요. - Input과 output의 요소들은 수에 제한 없이 자유롭게 선택 가능합니다. - 주어진 시간은 20분입니다. 제한된 시간 내에 가능한 많은 상자를 채워야 합니다.
	전개 (20분)	프로그램지의 순서에 따라 블랙박스 채우기 프로그램 실시 (1) 활동을 이해할 수 있도록 예시를 전달한다. - 예를 들어 input에 산만함이 어떤 과정을 거쳐 output에 집중이 나온다고 설명한다. (2) 시간을 엄수하도록 주의시킨다.
	정리 (10분)	[평가] 짝진 팀끼리 서로의 블랙박스 채우기를 읽어보고, 평가하기 - 다른 사람의 블랙박스 채우기를 보면서 자신의 결과물과 비교하여, 얼마나 많이 잘했는지 살펴봄으로써 자신의 부족한 점 생각해보기 - 서로의 평가를 통해서 문제에 대한 이해력을 높이고, 자신만의 전략을 증진시킬 수 있도록 생각해보기 - 다른 사람의 독창적인 input과 output의 연결을 보면서 자신의 아이디어 확장에 자극 주기
유의점	주어진 시간 안에 많은 활동을 하는 것에 주안점을 주어서, 한 문제에 너무 집착하지 않도록 주의하는 것이 필요	

블랙박스 채우기 활동지(Copyright © 2009 Creative Design Institute)

이 프로그램의 목표는
제한된 시간에 제시된 개념들을 사용하여 원인과 결과를 연결시키는 블랙박스의 과정을 가능한 한 많이 생각해보게 하는 활동으로 유창성을 기른다.

쉽게 연합되지 않은 원인과 결과를 논리적으로 연결하여 설명하는 블랙박스의 과정을 진술해보는 경험을 통하여 정교성을 기른다.

input과 output을 연결하는 독특한 블랙박스의 과정을 생각해냄으로써 독창성을 기른다.

■ 아래의 input 목록의 요소들을 븍랙박스에 넣으면 output 요소들이 만들어집니다.
어떤 input 요소를 넣으면 블랙박스의 어떤 과정을 통하여 어떤 output이 산출되었는지 설명하세요.
Input과 output의 요소들은 수에 제한 없이 자유롭게 선택 가능합니다.
※ 주어진 시간은 20분입니다. 제한된 시간 내에 가능한 한 많은 상자를 채워야 합니다.

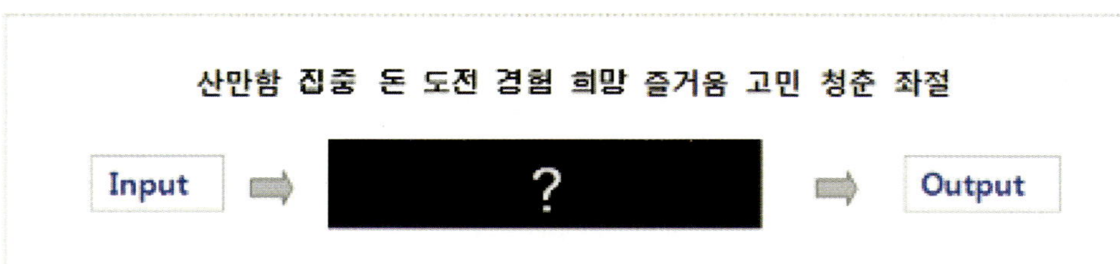

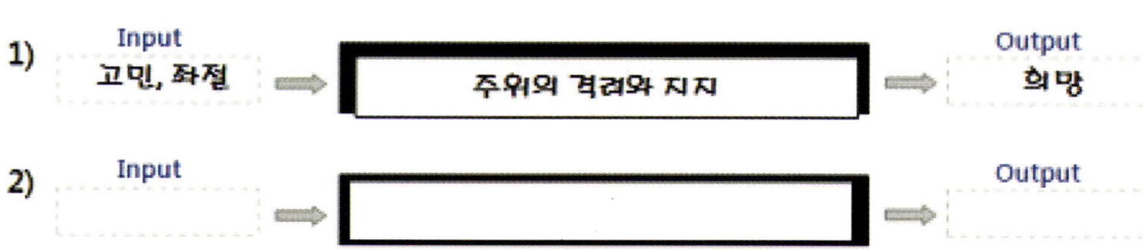

다양하게 분류하기(Copyright ⓒ 2009 Creative Design Institute)

<table>
<tr><th>프로그램 명</th><th colspan="2">다양하게 분류하기</th></tr>
<tr><td>창의성 인지요소</td><td colspan="2">융통성, 문제 민감성</td></tr>
<tr><td>프로그램 목표</td><td colspan="2">다양하게 분류하기 프로그램을 통하여
(1) 주어진 시각자료를 바탕으로 분류하고 그 기준을 진술해보는 활동이 반복적으로 이루어짐으로써 같은 사물을 다르게 범주화하는 융통성을 기른다.
(2) 다른 기준에서 분류하기를 계속 해야 하기 때문에, 사물에 대하여 다양한 분류기준을 적용할 수 있도록 사물이 갖고 있는 다중적 특성을 파악하는 문제 민감성을 기른다.</td></tr>
<tr><td>소요시간</td><td colspan="2">40분</td></tr>
<tr><td rowspan="3">프로그램 과정</td><td>도입 (10분)</td><td>1. 프로그램 목표에 대해 안내한다.
- 이 프로그램을 통해서 융통성, 문제의 민감성을 기를 수 있음을 명시한다.
2. 둘씩 짝을 지어 앉도록 한다.
3. 프로그램지를 배부한다.
4. 지시사항을 전달한다.
- 아래 주어진 사물을 두 종류로 분류하고 분류기준을 기술하세요.</td></tr>
<tr><td>전개 (20분)</td><td>프로그램지의 순서에 따라 다양하게 분류하기 프로그램 실시
(1) 다양한 범주에서 분류할 것을 강조한다.
(2) 사물에 대한 새로운 시각을 부여하고, 그 특성을 찾을 것을 강조한다.</td></tr>
<tr><td>정리 (10분)</td><td>[평가] 짝진 팀끼리 서로의 다양하게 분류하기를 읽어보고, 평가하기
- 다른 사람의 다양하게 분류하기를 보면서 얼마나 독특한 기준에서 분류했는지 평가해 본다.
- 얼마나 다른 범주에서 분류했는지 초점을 맞추어 평가를 함으로써 융통성을 이해한다.
- 서로의 평가를 통해서 자신이 미쳐 생각해보지 못했던 기준들을 살펴보면서, 사물에 대한, 문제에 대한 민감성의 개념에 대해 체득한다.</td></tr>
<tr><td>유의점</td><td colspan="2">다양한 시각과 범주에서 사물을 볼 수 있도록 주의시킨다.</td></tr>
</table>

다양하게 분류하기 활동지(Copyright © 2009 Creative Design Institute)

이 프로그램의 목표는
주어진 시각자료를 바탕으로 분류하고 그 기준을 진술해보는 활동이 반복적으로 이루어짐으로써 같은 사물에 대하여 다양한 분류기준을 적용할 수 있고 사물이 갖고 있는 다중적 특성을 이해할 수 있는 융통성을 기른다.

■ 우선 아래 주어진 사물을 두 종류로 분류하고 분류기준을 기술하세요.

4. 디자인 팀워크

앞서 설명한 창의성 양상에 기반하여, 가급적 디자인 팀이 다양한 창의성 양상을 포함할 수 있도록 구성하는 기본적 원칙 이외에 과연 디자인 팀이 효과적으로 활동하도록 하는 팀워크 증진 방법을 소개한다. 디자인 팀이란 개인 창의성 양상이 다른 각각의 개인들이, 인지적 성향이 다른 개인들이, 또 디자인 관련 전공영역이 다른 개인들이, 문화적, 사회적 배경이 다른 개인들이 함께 모여서 협력을 통해 디자인 작업의 다양한 과정과 역할을 수행하는 집단이다.

디자인 팀 활동 중에는 팀원들 간의 여러 각도에서의 다양성을 이용한 시너지 효과를 내는 절대 필수적인 긍정적 상황이 있다. 바로 이것이 디자인 작업을 팀에 기반하여 진행하는 이유이다. 그러나 바로 이러한 다양성을 얻기 위한 노력으

▸▸▸ 그림 4-14 다양한 팀 활동 장면

로 인하여 사회적 관점에서 해결해야 할 문제들이 당연히 생겨난다. 성균관대학교의 팀기반 설계 프로젝트 상황에서의 다양한 팀 활동 장면 꼴라쥬가 그림 4-14에 보여진다. 성균관대 Creative Design Institute는 팀워크를 증진시키는 훈련프로그램을 개발하여 창의적공학설계 교과목에 적용하고 있다(최훈석, 2007). 여기서는 이들에 대한 설명을 제공한다.

사람들은 자신의 경험, 특히 실수나 행동상의 오류로부터 학습할 수 있는 능력을 지니고 있으며, 이처럼 개인의 경험이 지식으로 변환되는 과정은 학습에서 매우 중요한 역할을 한다. 학습 효과를 촉진시키기 위해서는 학습자가 의미 있는 '경험'을 할 수 있는 환경을 조성해주어야 한다. 따라서 학습자가 단지 해당 문제를 생각해보는 데 그치거나 타인의 경험을 추론해보는 것만으로는 효과적 학습이 일어나기 어려우며, 학습자 자신이 학습 과제와 직접 관련된 경험을 할 수 있도록 하는 것이 중요하다. 이 훈련프로그램은 team exercise에 기반한 체험학습을 통해서 창의적공학설계를 수강하는 이공계학생들이 효율적 팀워크의 기초를 이해하고, 다양한 팀-기반 학습활동을 효율적으로 수행할 수 있도록 하는 데 목적을 둔다. Creative Design Institute는 다음과 같은 세 가지 세부 목적에 따라 훈련프로그램을 고안하였다. 이 훈련 프로그램의 구체 내용을 여기에 실으면, 훈련의 효과를 없애버리기 때문에 구체 내용은 포함하지 않는다.

(이 내용을 알고자 하는 교육자들은 저자에게 연락 주시기 바랍니다. 연락처: yskim@skku.edu)

(1) 팀 형성 초기에 전형적으로 나타나는 팀워크 위협요소 및 이에 대한 대응방안 이해
(2) 팀 수행의 촉진요인과 방해요인 및 팀 수행 증진방안 이해
(3) 합리적 의사결정을 방해하는 팀 의사결정 편향요소 및 이에 대한 대응방안 이해

팀에 관한 몇 가지 흥미로운 물음

팀 학습커브와 개인 학습커브 중 어느 것이 더 길고 완만할까?

팀에서는 구성원 간에 동기 수준이 각기 다르고, 구성원들의 input을 조화시키는 데 많은 시간과 노력을 필요로 하며, 하나의 독립된 수행단위로 기능하기 위해서 필요한 규범과 역할체계 등과 같은 팀 구조 확립에 상당한 시간이 필요하다. 이러한 다양한 제약으로 인해서 팀의 학습 커브는 동일한 과제를 학습하는 개인의 학습커브에 비해서 길고 완만하다.

팀은 비쌀 수밖에 없다?

팀을 관리하고 운용하는 것은 개인 작업자를 관리하고 운용하는 것에 비해서 많은 시간과 공간 및 물리적 자원을 필요로 한다. 이는 마치 고급 승용차가 유지 및 보수에 많은 비용을 필요로 하는 것과 같은 이치이다.

팀에서 갈등은 백해무익하다?

팀에서 발생하는 갈등은 크게 과제 갈등(인지적 갈등)과 감정 갈등(대인 갈등)으로 구분된다. 과제 갈등은 팀 과제를 수행하는 것과 직접 관련되는 사안들에서의 구성원 간 의견 불일치를 말한다(예: 과업 및 역할의 정의, 자원의 배분, 과제 수행 방식 등). 감정 갈등은 팀 구성원들의 선호도나 가치관, 성격, 행동스타일 등의 차이에서 비롯되는 대인관계상의 갈등을 말한다. 팀에서 감정 갈등은 팀의 응집성을 저하시키고 팀 수행에도 부정적 영향을 초래한다. 그러나 과제 갈등은 최소한 일정수준까지는 팀의 창의성과 문제해결 및 팀 수행에 긍정적인 영향을 미친다.

'협동'은 약, '경쟁'은 독?

통상 팀에서 구성원 간 경쟁은 바람직하지 않은 것으로 간주한다. 그러나 실제로 성공적인 팀들은 구성원들 간의 협력뿐만 아니라 구성원 각자 맡은 바 과업을 그 누구보다 잘 수행하고자 하는 경쟁적 몰입 수준이 높다. 즉, 팀에서는 협동과 경쟁적 몰입 간의 조화 (Coopetition = Cooperation + Competition)가 필요하다.

전체(팀)가 부분(개인)의 합보다 작을 수도 있는가?

개인 작업자가 아닌 팀을 수행단위로 활용하는 것은 전체(팀)가 부분(개인)의 합보다 크다는 믿음에서 그 근본 원인을 찾을 수 있다. 그러나 팀에 관한 많은 연구에서 전체가 부분의 합보다 크게 다르지 않거나, 오히려 작을 수도 있음이 반복적으로 관찰되고 있다. 팀이 얼마나 잘 기능할 수 있는가는 팀 구성원, 팀 구성, 팀 프로세스, 그리고 팀이 속해 있는 조직맥락 등과 같은 다양한 요인들이 상호작용적으로 영향을 미친다. 따라서 이 세 요인들 가운데 어느 하나에서라도 문제가 발생하면 팀은 성공적으로 기능하기 어려우며, 경우에 따라서는 개인의 수행이나 의사결정에 비해서 오히려 열등한 결과가 초래되기도 한다.

5

설계 방법론과 문제발견 과정

1. 설계 방법론

설계 대상은 단순한 물리적 인공물에서부터 여러 인공물과 이들의 연계 관계로 구성된 시스템 등으로 다양하다. 또한 이러한 인공물과 상호작용을 하는 인간의 경우도, 한 사람이 지속적으로 사용하는 인공물에서부터 여러 사람이 연계된 인공물 등 사용자의 관점도 다양하다. 또한 설계의 대상이 물리적인 인공물에서부터 다양한 제공자와 수혜자가 있는 서비스, 그리고 이러한 물리적 제품과 서비스가 다양하게 연결된 제품-서비스 시스템 등으로 점점 더 복잡화되고, 고려되어야 하는 가치의 범위가 점점 더 확장되어 간다. 그리고 이러한 가치가 시간에 따라 변화하는 역동성도 설계자에게 더욱 많은 노력을 요구한다. 물론, 설계 대상인 인공물의 물리적 성질도 다양하게 달라진다. 일반 소비자가 손으로 잡고 사용하는 소형 기구 제품, 전기 전자 시스템이 핵심 기능을 수행하는 제품, 사용자의 다양한 활동을 가능하게 하는 각종 공간 등 각종 설계 상황이 설계 대상의 특성을 반영하여야 한다. 전문 작업자가 여러 전문 지식을 이용하여 조작하는 기계 시스템, 여러 명의 작업자가 공동으로 사용하는 플랜트 시스템 등 설계 대상이 다양하다.

이렇듯 설계 대상이 복잡화하고 다양화할수록, 이를 위한 설계과정은 많은 고려 사항을 포함하게 되고, 다분야의 전문 지식을 필요로 하게 된다. 따라서 설계과정이 정형화되어, 연계된 많은 설계자들의 전문지식 기반의 인지 활동이 매끄럽게 연계되어야 한다. 다시 말하면, 설계자가 진행하는 Seeing-Imagining-Drawing 프로세스의 틀이 구체화되고, 관련된 설계 추론 및 의사결정이 함께 참여하는 팀원 및 설계자 자신에게 더욱 명확히 표현되어야 한다. 본 교재에서는 다양한 설계 대상물과 설계 상황에 공통적으로 적용될 수 있는 설계 기본 방법론을 설명한다. 설계 방법론의 기본 기저는 설계과정 각 단계의 정형화와 설계 사고의 외적 표현의 강조라 할 수 있다.

우선 다양한 소비자/사용자의 관점과 사회, 문화적인 관점에서 설계문제를 발견하는 과정의 중요성을 강조하기 위하여, 성균관대 Creative Design Institute

에서 개발된 교과목에서 수행된 설계과제의 사례를 소개한다. 이어서 제6장에서 다양하고 창의적인 문제 해결책을 찾는 데 도움이 되는 창의적 설계 방법, 그리고 제7장에서 다양한 설계 안들이 실현 가능한 구체 해결안으로 발전되게 만드는 체계적인 설계 방법을 각각 설명한다.

2. 문제발견 과정 사례

성균관대학교에서는 2001년 창의적공학설계 교과목을 공과대학 1학년 학생을 대상으로 새로이 개설하고, 4~5명의 학생들로 구성된 설계 팀이 스스로 설계문제를 발견하여 이를 해결하는 개념설계 프로젝트를 시행해 오고 있다. 또한, 2005년부터는 기계공학, 시스템경영공학, 소비자학 및 커뮤니케이션 디자인 등 다양한 전공의 3, 4학년 학생들로 구성된 학제간 융합설계 팀 이사회, 문화적 관점을 중심으로 한 문제발견 과정을 강조하는 학제간 융합제품설계 프로젝트가 수행되어 오고 있다. 3장에서 설명한 타운워칭 방법 등을 이용하여 구체적으로 수행된 사례를 통하여 문제발견 과정을 소개한다.

Island Bus Station

2005년 기계공학, 소비자학 및 커뮤니케이션 디자인 학생들로 구성된 설계 팀은 문제발견을 위해 거리로 나섰다. 당시 중앙 버스차로제가 막 시작된 시점이었고, 이 설계 팀은 중앙 버스차로제라는 교통문제를 해결하기 위한 해법이 버스 승객에게 사회, 문화적 문제를 일으키고 있는 점을 발견하였다. 그림 5-1에서 보는 바와 같이 차선과의 거리가 너무 좁고, 난간이 엉성하고 튼튼해 보이지 않는 등 안정성에 관련된 문제가 있으며, 버스를 기다리는 동안 앉아서 기다릴 수 있는 의자가 부족하며, 버스를 기다리는 동안 승객의 활동환경은 중앙버스차로 아일랜드형 정거장에 국한되어 버스를 기다리는 것 이외의 활동이 불가능하다는 점 등을 문제점으로 파악하였다. 추운 겨울날 밤 외로이 버스를 기다리는 승객의 마음, 좁은 공간에서 버스를 기다리면서 시간을 함께 보내야 하는 서로 모르는 승객들 간의 사회적 상황 등을 설계 팀은 소비자 중심의 문제해결의 핵심대상으로 보게 되었다.

▸▸▸ 그림 5-1 Island Bus Station의 문제점

도심 속의 섬인 정거장은 승객에게 불안감, 외로움, 답답함을 주고 있으며, 기다리는 시간 동안의 지루함, 심심함을 해소할 방법이 필요하다. 또한 삭막한 도시 생활에서 육체와 정신의 휴식이 필요하고, 웃음을 줄 수 있는 장치가 필요하다. 사람들 간의 의사소통이 부족하므로 이를 해결하는 데 도움이 되며, 남녀노소의 구분 없이 즐길 수 있는 장치를 고안하기 위한 노력을 시작하였다. 이를 위한 개념설계를 통해, 그림 5-2에 있는 바와 같이 발로 페달을 밟아 공기압을 만들어 탁구공과 같은 가벼운 공을 더 높이 올리는 게임을 하며, 허리 안마도 할 수

있는 시스템을 설계하였다. 그리고 사용 시나리오를 그림 5-3에 있는 것과 같이 설계하였다. 청년이 버스를 기다리는 동안 운동도 할 겸 페달을 밟고 무료함을 달래고 있을 때, 어린 소년이 와서 함께 게임할 것을 제안하여 누가 더 공을 높이 올리는지 게임을 하고, 버스를 기다리던 주변 승객들은 이 소년과 청년 중 누가 더 높이 올리는지 구경하다가 자신이 기다리던 버스가 오면 타고 가게 된다. 공을 공기압으로 올리기 위해 만들어진 기둥은 어두운 밤에는 불을 켜서, 버스를 기다리는 승객의 외로운 기다림을 위로해주는 기능을 한다.

▸▸▸ 그림 5-2 Island Bus Station의 문제해결 방안 개념 스케치

▸▸▸ 그림 5-3 Island Bus Station의 문제해결 시스템 사용 시나리오

Walking-Cool

2008년 학제간 융합제품 설계수업의 설계 팀 중 한국, 일본, 타이완 학생들로 구성된 설계 팀은 여성 소비자의 문제해결을 위한 프로젝트를 진행하였다. 타운워칭을 통해 한국, 타이완, 일본 공통으로 넓은 계층의 소비자들 패션 관심도가 높으며 이를 실제 생활에 반영함이 파악되었다. 특히 여성의 경우, 폭 넓은 연령층에서 하이힐을 신는 여성들이 많음을 관찰할 수 있었고, 대부분 이들의 일상생활 중 보행을 많이 함을 알 수 있었다. 하이힐을 착용하는 여성을 대상으로 한 설문조사와 타운워칭을 통해 대부분의 여성이 신체에 맞지 않는 높은 굽을 착용하며, 하이힐 착용 시 발에 통증 및 열이 발생하는 등 발 건강 및 신체 건강 관리의 문제점이 있음을 그림 5-4와 같이 발견하였다. 특히 하이힐을 오래 신고 다니면

발에 통증과 열이 나는데, 이 문제를 해결할 적절한 방안이 없고, 지하철이나 백화점 등 공공장소에서 이러한 여성의 발의 문제를 해결해줄 수 있는 시스템이 없음을 발견하였다.

▸▸▸ 그림 5-4 하이힐 신는 여성들의 문제점

이와 같은 하이힐을 많이 신는 여성들의 문제점을 해결하기 위해 지친 발의 피로 회복과 온도 조절 등의 발 관리뿐만 아니라 발 관리 정보 공유 등을 통한 커뮤니케이션의 장을 여성들의 이동경로에서 마련해 주는 해결책을 고안하였다. Walking-Cool 제품은 여러 사람들이 이용 가능한 백화점이나 지하철 환승역 등 공공장소에 설치하고, 지친 발의 피로 회복을 위해 지압 기능과 공기를 쏘아 발의 열을 식혀주는 쿨링 기능, 그리고 여러 사람이 사용하는 제품이기에 위생 문제 해결을 위해 자외선 소독 기능을 추가하였다.

Walking-Cool 사용 시나리오는 (1) 하이힐 착용을 통한 공공장소에서 발의 휴식이 필요함을 느끼면, (2) Walking-Cool 파티션이 설치된 장소에 찾아가, (2) 소독이 되어 사용 가능한 자리가 있는지 파악을 한 후, (3) 자리에 앉아 제품에 뚜껑을 열어 발을 올리고, (4) 시작 버튼을 누른다. (5) 바람 세기 및 강도 조절을 할 수 있고, (6) 제품을 사용하는 동안 제품에 글, 그림 등으로 적혀 있거나 화면으로 보여지는 발 건강 관리 정보를 얻을 수 있다. (7) 지압 및 쿨링이 끝나고, (8) 뚜껑을 닫게 되면 다음 사람을 위한 소독이 진행되게 된다. Walking-Cool 프로토타입의 사용 모습이 그림 5-5와 같이 보여진다.

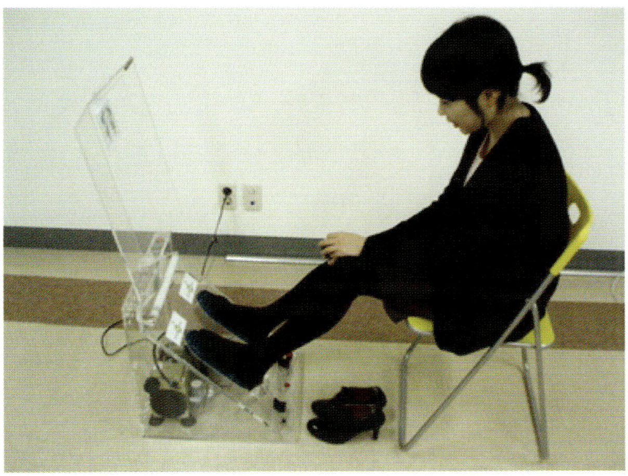

▸▸▸ 그림 5-5 Walking Cool System

TakeIN

2007년 학제간 융합제품 설계수업을 통해 수행된 프로젝트에서 학생들은 타운워칭과 소비자 조사 등을 통해 몇 가지 트렌드와 문제점들을 발견하였다. 먼저, 커피를 즐겨 마시는 문화가 자리잡음으로 많은 커피 전문점이 생겨났고 바쁜 현대 생활의 결과로 인한 Take-out 문화와 접목하여 거리에서 쉽게 Take-out 커피를 마시는 사람들을 그림 5-5에서 보는 바와 같이 관찰할 수 있었다.

▸▸▸ 그림 5-6 커피 문화와 Take-out 문화

그러나 정부에서 시행하는 환경 보호 정책으로 일회용 컵 구매 시 환경분담금으로 50원을 내야 하는 부담도 발견하였다. 다 마신 일회용 컵을 커피점에 다시 돌려주면 환경분담금 50원을 돌려받게 해주는 정책이지만, 바쁜 일상 등으로 대부분의 소비자들이 환경분담금을 돌려받지 않는 것을 알 수 있었다. 또한 서울시와 각 구청들이 쓰레기 처리비용을 줄이기 위한 방안으로 도심의 쓰레기통을 점차적으로 없애고 있어서 유동인구가 많은 도심거리의 난간이나 버스 정류장 등에는 일회용 컵 등이 많이 버려져 있는 것을 그림 5-6과 같이 관찰하였다.

▸▸▸ 그림 5-7 Take-out 커피 컵 처리 문제

이와 같은 일회용 컵 분리수거 문제, 길거리 환경 문제, 환경분담금 환불 받는 문제 등 여러 가지 문제점들을 해결하기 위한 해결책으로 TakeIN 시스템을 설계하였다. 일회용 컵을 위한 컵 자동 분리 수거 기능을 가진 TakeIN을 공공장소에 배치할 것을 제안하였다. 이 TakeIN에 일회용 컵이 들어오면 먼저 컵을 기울여 컵 안에 남은 내용물을 제거하고, 센서에 의해 컵의 종류를 파악한 후 종류별로 분리 적재하여 놓고, 재활용 분리수거자가 적재된 컵을 쉽게 수거해 가도록 돕는 시스템이다. 또한 여러 커피 전문점이 생기면서 각 커피점마다 멤버십 카드를 제공하고 있어, 환경분담금 환불 받는 문제를 멤버십 카드를 통해 해결하는 것을 제안하였다. TakeIN에 컵을 버리기 위해 뚜껑을 여는 과정을 멤버십 카드를 인식하여 열리도록 하여 이때 소비자에 대한 해당 커피전문점의 고객으로의 환영분위기라는 서비스를 제공하고 환경분담금이 멤버십 카드에 적립되도록 제안하였다. 그래서 소비자의 일회용 컵 분리수거를 유도하고, 커피 컵이 아닌 다른 쓰레기가 버려지지 못하도록 막는 기능도 할 수 있게 하였다.

TakeIN 사용 시나리오는 (1) 커피숍에서 Take-out 커피를 사서 밖으로 나와 이동하며 커피를 마신 후, (2) 다 마신 컵을 버리기 위해 커피를 샀던 커피숍으로 돌아갈 필요 없이, 주변의 가까운 TakeIN을 찾아간다. (3) TakeIN에 자신의 커피숍 멤버십 카드를 넣으면, (4) TakeIN 뚜껑이 열리게 되고, (5) 컵을 투입구에 버리게 되면, (6) 센서가 컵을 인식해서 컵을 기울여 안에 남은 내용물을 버리고, (7) 컵의 종류를 구분하여 종류별로 적재한다. (8) 멤버십 카드에는 환경분담금 50원이 다시 적립되었고 카드를 빼면 된다. 학생들이 제작한 TakeIN Prototype의 실제 사용 모습이 순차적으로 그림 5-7에 나타나 있다.

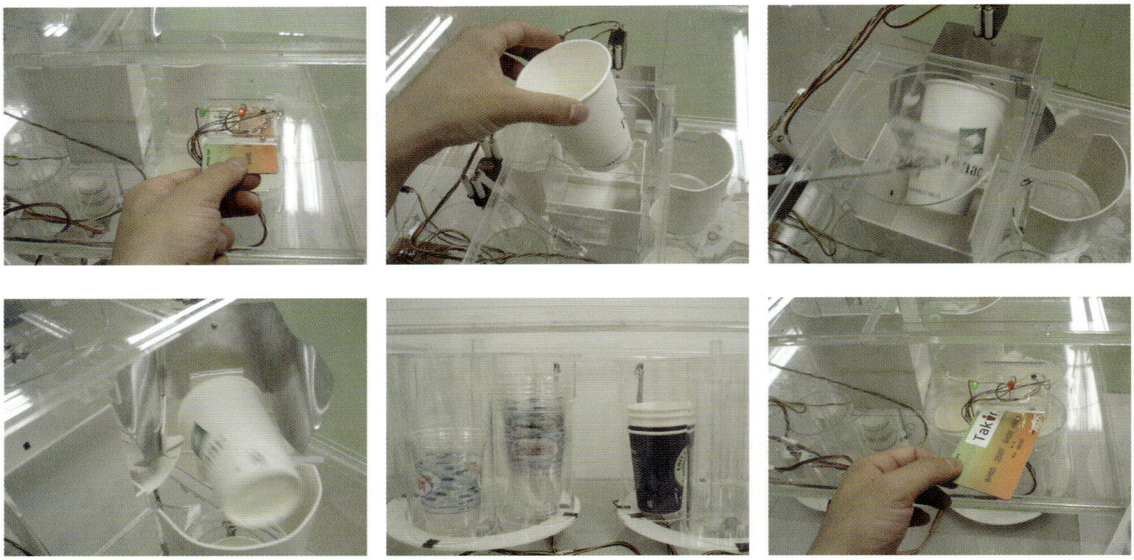

▸▸▸ 그림 5-8 TakeIN 시스템

Live Commenter

2008년 1학기 창의적공학설계 수업을 통해 1학년 학생들은 영화관을 찾아 문화생활을 즐기는 사람들을 위한 문제해결 노력을 하였다. 예전에 비해 영화관을 찾아 문화생활을 즐기는 사람들이 점점 많아지고 있고 영화관은 이미 우리 사회에 대중화되어 있음에 주목하여, 영화관을 이용하는 소비자 행위 절차와 타운워칭, 그리고 소비자 설문 조사 등을 통해 다음과 같은 특징을 발견하였다. 첫째는 소비자들이 영화관에서 실질적인 정보를 얻지 못하고 있다는 점이다. 영화관을 찾은 소비자들은 티켓팅 전에 영화 팜플렛이나 인터넷 감상평 등의 제한된 경로를 통하여 자신이 원하는 영화를 고르는 것을 그림 5-8에서 보는 바와 같이 같이 관찰하였다. 또한 티켓팅을 하고 상영관에 들어가기 전까지 대기 시간을 의미 있게 보내고 싶어하지만, 이를 충족시켜 줄 대안이 부족하다는 것을 알게 되었다. 둘째는 영화를 본 후 각자 소감을 서로 이야기하고, 인터넷에 영화 감상평 등을 남기며 영화에 대한 의견이나 소감들을 공유하는 모습을 관찰하였지만 이러한 소비자의 욕구를 영화를 일방적으로 보여주며 한 방향 커뮤니케이션만 수행하고 있는 현 영화관에서 지원해 주지 못하고 있다는 점을 알게 되었다. 따라서 이와 같은 필요와 욕구를 충족시켜 줄 새로운 서비스와 시스템이 영화관 내에 필요함을 발견하였다.

▸▸▸ 그림 5-9 영화관 정보 제공

이와 같은 영화관 내에서 정보를 얻고 공유하는 문제에 대한 해결책으로 영화를 보기 전의 소비자와 영화를 막 보고 나온 소비자 간에 실시간 커뮤니케이션으로 정보를 공유할 수 있게 해주는 서비스 시스템을 제안하였다. Live Commenter 제품의 기본 기능은 지문/멤버십 카드 인식으로 인한 로그인, 그리고 터치 펜 기능 등으로 시간을 절약할 수 있게 하였고, 마일리지 적립 등으로 소비자의 참여를 유도하였다. 입력된 영화 감상평 및 코멘트는 정보의 적절성 등을 시스템으로 자동 점검한 후 실시간으로 영화관 로비에 있는 소비자들에게 전광판 등에 보여지게 하여 소비자가 영화를 선택하는 데에 있어 적절한 정보를 제공할 수 있도록 제안하였다.

6

창의적인 디자인 방법론

창의적인 디자인 방법론

앞서 3장의 창의성과 창의적인 문제해결 방법에 대해 Archer Creative Sandwich에서 설명한 바와 같이 새롭고 유용한 창의적인 해결안을 설계하기 위한 몇 가지 방법을 소개한다. 새롭고 유용한 해결안을 만들기 위한 선행 조건으로 흔히 새로운 아이디어를 많이 생성함을 이야기한다. 브레인스토밍 방법을 먼저 소개하고, 발전된 브레인스토밍 방법인 6-3-5 방법 및 갤러리 방법을 소개한다. 또 주어진 설계문제를 설계자에게 익숙한 다른 문제환경 또는 자연에서의 해결환경으로 전환하여 해결안을 찾는 방법인 사이네틱스 방법을 설명한다. 그 이외에 새로운 아이디어를 내는 데 도움이 되는 부가적 방법을 소개한다.

1. 브레인스토밍

여름날 소나기가 퍼붓듯 오는 것을 스톰(storm)이라고 한다. 전쟁에서 포탄을 빗발치게 퍼붓듯 마구 하는 공격 또한 스톰이라고 한다. 브레인스토밍(Brainstorming)은 새로운 아이디어와 생각을 마구 퍼붓듯이 쏟아내는 활동을 말한다(그림 6-1 참조). 특히, 몇 명으로 구성된 팀을 만들어 진행하는 상황이 브레인스토밍의 대표적 상황이라고 할 수 있다. 퍼붓듯 쏟아낸 아이디어 중 창의적인 아이디어가 나오기를 기대하는 브레인스토밍 활동에 있어서, 몇 가지 규칙을 통해 효율성을 증진시킬 수 있다.

▸▸▸ 그림 6-1 퍼붓는 소나기처럼 아이디어를 마구 퍼부어대는 브레인스토밍

브레인스토밍 규칙

- 브레인스토밍은 많은 수의 아이디어를 쏟아내기 위함이다. 아이디어를 비판이나 평가 없이 우선 많이 생각해내고 보자는 것이며, 평가는 추후에 이루어진다. 따라서 첫번째 규칙은 비판금지 및 우선 생각부터 해내고 추후에 판단하기(no criticism; think first, judge later)이다.
- 새로운 아이디어로 과감한 아이디어를 만들어라. 지금은 창의성 샌드위치에서 가운데 부분만 신경 쓰는 상황이다. 추후에 실현이 가능하도록 만드는 작업이 필요하다면 진행될 것이니 주저 말고 과감하고 많이 새로운 아이디어를 제시하라는 규칙이다.
- 아이디어를 너무 장황하게 설명하지 말고 간단 명료하게 제시하라는 규칙이다. 브레인스토밍은 많은 아이디어 생성에 있으며, 대부분의 경우 팀을 이루어 진행하므로 새로운 아이디어가 계속적으로 이어나갈 수 있도록 하기 위해 한 아이디어의 설명을 길고 복잡하게 하여서는 안 된다.
- 많은 양의 아이디어를 내라. 아이디어의 개수가 중요하다. 많은 아이디어를 내려고 주저 없이 아이디어를 내다보면 그 중에 창의적인 아이디어가 나온다는 규칙이다. 예를 들어, 앞 사람이 한 말을 조금 바꾸어도 새로운 아이디어라면 주저 말고 그런 아이디어를 제시하라는 것이다.
- 아이디어를 많이 내는 데 있어서, 브레인스토밍 중 나온 아이디어들을 서로 연합하고, 개선하고, 확장하는 방법으로 아이디어를 계속 생성해내기 규칙이다. 이런 점은 특히 팀을 이루어 진행하는 상황에서 다른 사람의 아이디어를 듣고, 이를 바탕으로 자신의 아이디어를 만들어내는 동기로 이용할 것을 권장하는 규칙이다. 혼자서는 양산하지 못하는 아이디어를 팀원과의 상호작용을 통해 양산해내고, 또 내용도 좋게 한다는 것이다.
- 아이디어를 짜내는 브레인스토밍 세션의 진행에서도 중간 휴식을 취하라는 규칙이다. 집중되는 아이디어 짜내기의 피곤함을 달래는 역할도 하고, 또한 창의적 문제해결의 중요한 단계인 부화기를 심어 넣기 위한 이유도 있다. 일부 브레인스토밍 세션은 과자와 음료수 등을 풍부하게 준비하여 놓고 간식을 즐기면서 자유로운 분위기로 진행하기도 한다.

- 일단 많은 양의 아이디어가 모이면, 그 후 이들을 평가하고 창의성 샌드위치의 양쪽 빵에 해당하는 분석적 활동으로 발전시킨다.

브레인스토밍 세션은 생성된 모든 아이디어를 적어 참여자 전체가 함께 볼 수 있도록 하는 환경에서, 참여자의 아이디어를 적어 나가며 리더의 진행 도움으로 수행한다. 일반적으로 리더는 참여자들이 계속 많은 아이디어를 내도록 권장하는 역할을 해야 하며, 절대로 평가와 비판을 하는 역할을 해서는 안 된다.

브레인스토밍 규칙을 마치 브레인스토밍 아이디어를 간략하게 제시하듯 아래에 간략하게 표현하여 정리하였다.

Rules for Brainstorming

- No Criticism: Think First–Judge Later
- The Wilder, The Better
- Keep Short & Snappy
- Quantity is Wanted
- Combine, Improve, Expand
- Take Short Breaks
- Evaluate & Do Something

6-3-5 방법

일반적인 브레인스토밍은 다수의 참여자가 함께 모인 미팅환경에서, 각자가 자유롭게 아이디어를 제시하고, 참여자 모두가 그 아이디어를 그 자리에서 듣고, 그것을 반영하여 자기 자신의 아이디어를 내는 형태로 진행된다. 따라서 브레인스토밍 세션의 다이내믹한 사회적 상호작용이 세션의 성패에 영향을 미치게 된다. 바로 이것이 장점인데, 경우에 따라 다른 형태의 참여자 간의 상호작용이 더욱 효과적인 경우도 있다. 대표적으로 직접 각자의 아이디어를 곧바로 말하지 않고, 또 다른 참여자의 아이디어를 듣지 않고, 참여자 각자가 아이디어를 적어서 아이디어를 생성하는 방법이다.

이러한 브레인라이팅(Brain-Writing) 방법에 다른 구체적 환경과 상황으로 진행되는 방법들이 있다. 그 중 하나로 6-3-5 방법이 있는데, 6명의 참여자가 각자 3개의 아이디어를 5분 동안 생성하여 그림 6-2에 보이는 것과 같은 6-3-5 종이에 기록한다. 이 경우 간단한 스케치와 짧은 설명으로 아이디어를 제시하기도 한다. 이 경우 참여자 간의 직접적인 대화 없이 진행된다. 첫 5분 동안 총 18개의 아이디어가 생성된다.

이렇게 5분이 지나면, 6명의 참가자들은 왼쪽 그림에서 보이는 것처럼 자신의 3개의 아이디어가 기록된 6-3-5 종이를 전달받는다. 예를 들어, 좌측의 옆 사람에게 전달하고, 반대편(우측) 옆 사람으로부터 3개의 아이디어가 기록된 6-3-5 종이를 전달 받는다. 그리고는 또 5분 동안 새로운 아이디어 3개를 기록한다. 이때에 자신이 전에 생성한 3개의 아이디어, 그리고 옆 사람이 생성하여 전달해준 6-3-5 종이에 기록된 3개의 아이디어를 반영하여 새로운 3개의 아이디어를 생성할 수 있다. 이렇게 두 번째 5분이 경과하면, 전체 6명이 생성한 아이디어의 개수는 총 36개가 된다. 여전히 참여자 간의 직접적인 대화 없이 진행된다.

이제 또다시 참여자는 6-3-5 종이를 좌로 이동한다. 이제는 자신의 우측 2명의 참여자가 생성한 아이디어가 담긴 6-3-5 종이를 보고, 이들 6개의 아이디어 및 자신이 앞서 2번의 5분 활동에서 생성한 6개의 아이디어를 바탕으로 하여 세 번째 5분 동안 또다시 3개의 아이디어를 생성한다. 이와 같은 활동을 계속 진행하여 6-3-5 종이가 한 바퀴 다 돌게 되면 총 여섯 번의 5분간 활동을 통하여 총 108개의 아이디어가 생성된다. 즉, 6명이 30분간 108개의 아이디어를 만들어내는 방법이다. 이렇게 총 108개의 아이디어가 생성되면, 이제는 참여자가 함께 진행하는 토론을 통해 108개의 아이디어를 평가하고, 문제해결의 다음단계로 발전시키기 위한 활동을 진행한다.

자 이제 6명씩 팀을 이루어 6-3-5 방법의 실습을 해보자. 참여자 간 대화 없이 진행할 수 있으므로 수업시간에 실습을 진행하기 적절한 방법이다. 물론 108개의 아이디어가 생성된 후 토론은 Buzz토론의 형태로 웅성웅성 진행된다.

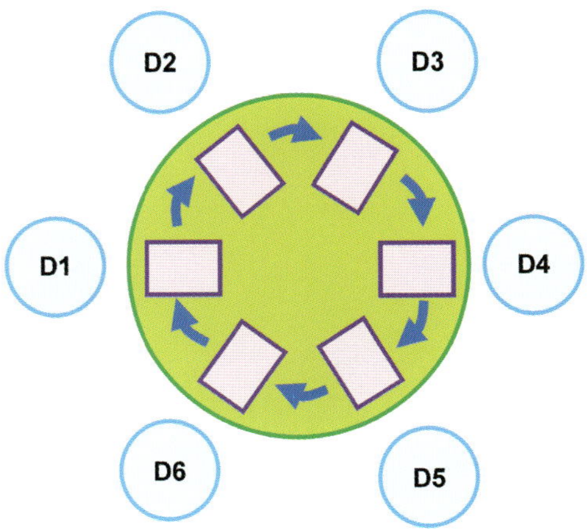

이름	1	2	3
D1			
D2			
D3			
D4			
D5			
D6			

▸▸▸ 그림 6-2 6-3-5 방법 설명 및 6-3-5 종이의 예

갤러리 방법

설계 아이디어는 흔히 개념 스케치와 이를 보완하는 간단한 설명으로 생성되고, 발전되고, 전달된다. 따라서 갤러리에서 미술작품을 감상하는 상황과 설계팀원의 아이디어를 검토하는 상황이 비슷하게 견주어질 수 있다. 갤러리 방법은 설계문제에 대한 개념 아이디어를 참여자 각자가 스케치와 설명으로 표현하며 발전시킨다. 그런 후 정해진 시간에 갤러리에 모여 각자의 설계 안을 벽에 걸어 전시하고, 참여자들이 자유로이 서로의 아이디어를 검토한 후, 다시 참여자 각각이 자신의 아이디어를 수정, 발전시키는 방식의 일종의 특수한 브레인스토밍이다(그림 6-3 참조). 몇 차례에 걸친 갤러리 감상 후 아이디어 생성/수정 과정을 거친 후, 팀원의 협력 작업으로 이어지게 된다.

이러한 브레인스토밍 방법들은 참여자들이 직접 한자리에 모여서 진행되는 것이 일반적인 상황이지만, 컴퓨터 기반 환경의 지원을 통해 지리적으로 또는 시간적으로 떨어져 있는 설계 팀원 간에도 진행할 수 있다. 그리고 컴퓨터 기반 지원의 내용이 단순히 정보의 교류를 지원하는 차원으로부터 각 참여자의 여러 개인 상황을 반영한 다양한 부가 정보의 적응적 제공으로 발전할 가능성이 있다.

▸▸▸ 그림 6-3 갤러리의 작품 감상 모습과 흡사한 설계안 상호 검토 모습

2. 사이네틱스

해당 문제를 해결하기 위한 새롭고 유용한 아이디어를 창출하는 능력이 창의성이라고 할 수 있다. 그런데 창의적인 아이디어 생성의 대표적인 방법 중 하나는 겉으로는 연관이 없어 보이지만, 연계 요소가 있는 다른 문제 상황에서의 해결 아이디어로부터 해당 문제의 아이디어를 유추해내는 방법이다. 인간의 인지 사고 과정의 하나인 유추 추론(Analogical Reasoning) 방법이다. 이러한 유추 추론 방법을 사이네틱스(Synectics)라고 한다. 실제로 많은 우리 주변의 문제 해결안들이 사이네틱스에 의해 생성되었다. 사이네틱스는 문제해결을 기존의 시각에서 벗어나서 새로운 관점에서 보게 도움을 준다. 새로운 시각에서의 사고를 도와주는 4가지 사이네틱스 방법은 직접유추(Direct Analogy), 의인유추(Personal Analogy), 상징유추(Symbolic Analogy), 공상유추(Fantasy Analogy) 등이다.

직접유추(Direct Analogy)는 현재 다른 문제 상황에서의 해결방법을 그대로 이용하는 방법으로 자연의 현상을 모사하여 인공물의 문제 상황에 이용하는 경우가 많다. 예를 들어, 찍찍이(Velcro)는 그림 6-4에 있는 것과 같은 우리 몸에 들러붙는 식물의 씨앗을 면밀히 살펴본 결과 링 모양 부분과 갈고리 모양 부분이 서로 연결되어 강한 접착력을 제공함을 그대로 이용하여 고안한 잠금 장치이다. 직접유추의 또 다른 예로 그림에 있는 바와 같이 박쥐 날개의 구조를 모사한 배의 돛 설계를 볼 수 있다.

의인유추(Personal Analogy) 방법은 문제해결의 디자인 대상물과 설계자 자신의 의인화를 통해 새로운 시각을 생성하는 방법이다. 설계자 자신을 설계 문제 속으로 투입하는 방법이다. 지게차의 설계 개선 사례로 의인유추를 설명해보자. 그림 6-5에서 보는 바와 같이 지게차는 창고에서 물건을 적하하는 물건 받침부분과 이동수단을 제공하는 부분으로 구성되어 있다. 창고회사는 주어진 공간에 가능한 많은 물건을 보관하고자 한다. 반면 네 바퀴로 구성된 이동부분의 경우, 방향전환을 하는 데는 회전 반경을 필요로 한다. 이 같은 문제상황의 해결책을

▸▸▸ 그림 6-4 잠금장치로 유추된 식물의 씨앗, 배의 돛 설계에 유추된 박쥐의 날개(Linsey et al., 2008)

찾기 위해 설계자는 자기 자신을 지게차로 변신시켜본다. 내가 만일 그림에서 보듯이 짐을 잔뜩 팔에 안고 좁은 창고의 복도를 따라 들어가다가, 복도 진행 방향으로부터 90도 우측에 있는 선반에 물건을 올려놓는다면 ……. 서 있는 방향은 그대로 둔 채 허리만 싹 돌려서 물건을 내려놓고 다시 제 위치로 하겠지 ……. 바로 이와 같은 의인유추를 통해 물건 받침부분과 이동부분을 분리하여 물건받침부분을 회전시키는 새로운 지게차가 설계되었다.

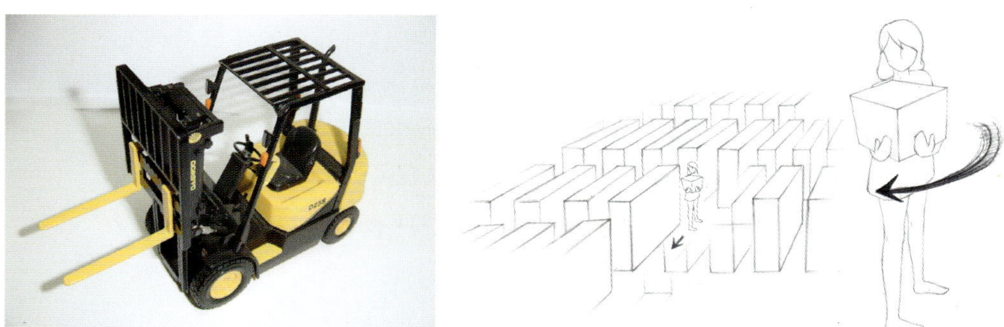

▸▸▸ 그림 6-5 지게차의 설계 개선 의인유추

상징유추(Symbolic Analogy) 방법은 상징적 개념을 이용하여 구조 및 작동을 다른 문제 환경에 모사하는 방법이다. 예를 들어, 데이터를 트리 구조로 만든다는 것은 나무의 가지가 단계적으로 잘게 나뉘어지는 것과 같이 데이터를 계층적으로 하부 트리들의 연쇄적 구성으로 표현함을 의미한다.

공상유추(Fantasy Analogy) 방법은 불가능한 바람이 마술과 같이 이루어지기를 유추하는 방법이다. 현재의 상태로는 불가능하게 보이지만 이를 가능하다고 가정하고 발전시키면 새로운 창의적인 해결법이 나올 수 있음을 기대하는 것이다. 예로 아파트 단지의 과속방지턱이 이를 인지하고 자동차의 속도를 충분히 줄이고 접근하면 아예 없어진다면, 과속 방지의 목표는 달성되고 자동차는 보다 자연스럽게 주행할 수 있을 것이다.

이와 같은 유추방법을 통한 PAG-PAU 기법을 창의적설계에 이용할 수 있다. Problem as given(PAG)에 대한 이해와 문제해결을 위해, 새롭게 주어진 익숙하지 않은 환경과 상황을 설계자에게 친숙한 상황으로 전환시켜서 Problem as understood(PAU)로 전환하여 해결책을 찾아내고, 이를 다시 재전환시켜 본래의 문제 상황의 해결책을 만들어내는 방법이다.

3. 탐색영역 확장법

창의적인 문제해결 방법을 찾기 위한 방법은 해결책의 탐색공간을 확장시키는 방법이라 할 수 있다. 설계자의 아이디어 생성이 활발하지 않을 때, 강제적으로 아이디어를 증가시키는 도움이 필요하다. 그 중 하나는 본래의 취지에 정반대 방향으로 사고를 전환하는 역사고 전환 방법이다. 예를 들어, 제품의 단가를 줄여야 하는데 그 방안이 떠오르지 않는다면, 역으로 제품의 단가를 높이는 방안을 생각해내어 이를 역으로 적용하는 방법이다.

새로운 아이디어가 나오지 않을 때 발상의 동기를 기계적으로 찾는 방법이 있다. 예를 들어, 휴대폰의 개선방안을 찾는 설계 팀이 새로운 아이디어의 고갈상황이 되었다면, 사전을 이용하여 무작위로 단어를 고르고, 이 단어에 연계된 방안을 강제적으로 유추하는 방법이다. 만일 사전에서 무작위로 고른 단어가 쥐라면, 쥐에서 연상되는 갖가지 아이디어를 시도하는 방법이다. 쥐의 털이 부드러울 것이다라고 연상되면, 휴대폰의 재질을 부드럽게 한다라는 새로운 개선방안이 만들어질 수도 있을 것이다.

이 장에서는 다양한 브레인스토밍 방법과 유추추론 그리고 탐색영역확장법 등을 창의적 아이디어 발상법으로 소개하였다. 이 이외에도 여러가지 아이디어 발상법이 개발되어 왔다(우흥룡, 진선태, 2004).

7

합리적인 디자인 방법론

합리적인 디자인 방법론

앞서 3장의 창의성과 창의적인 문제해결 방법에 대해 Archer의 Creative Sandwich에서 설명한 바와 같이 합리적이고 분석적인 설계 방법은 창의적 설계의 주요 사항이다. 문제의 이해와 정의를 위한 체계적 접근방법, 문제의 해결책을 기능의 계층적 전개를 통하여 정리하는 방법, 분할된 하부 기능을 수행하는 다양한 방법을 체계적으로 연계하는 방법, 다양하게 생성된 해결안을 비교 평가하는 방법 등을 소개한다. 합리적 설계 방법론의 기본 전략은 주어진 문제를 해결하기 위하여 여러 개의 하부 문제로 분해하고, 이 하부 문제들의 해결책들을 찾아, 이를 다시 연계하여 전체 문제의 해결책을 제시한다는 Divide & Conquer 전략이다.

1. 목표 트리(Objectives Tree)

설계 문제를 제시한 의뢰인의 설계 의뢰서에 나타난 설계 문제해결 목표는 지속적으로 재정의되고 구체화되어야 한다. 이를 위한 설계 팀의 활동이 중요하며 이를 위한 구체 방법을 소개한다. 타운워칭, 소비자를 대상으로 한 설문 조사, 소비자의 사용 상황의 체계적 관찰 등의 방법으로 소비자의 요구사항을 파악한다. 설계자가 직접 소비자의 입장이 되어 소비자의 요구사항을 생성해내는 방법이 필요한 경우도 있다. 이렇게 모아진 다양한 요구사항 또는 설계 목표들의 리스트를 구성한다. 다음 단계는 이들 설계 목표를 구조화하는 작업이다. 유사한 설계 목표들을 한데 모으고, 이들의 대표적 성격을 찾아내어 명명하거나, 리스트에 있는 목표 중 이들 유사한 설계 목표를 대표할 표현을 찾아내어 다이어그램으로 만드는 Affinity Diagram기법을 적용한다. 궁극적으로 몇 개의 계층적 단계로 구성된 트리구조로 설계 목표를 정리하는 방법을 목표 트리 방법이라 한다.

Affinity Diagram

브레인라이팅의 방법으로 설계자 각자가 소비자의 입장이 되어 정해진 시간 동안 설계 대상품에 대한 소비자 입장의 요구사항을 생성한다. 다음 단계의 정리를 위해 한 가지 아이디어를 독서카드 크기의 카드 또는 포스트잇 한 장에 큰 글씨로 기록한다. 설계자 각자가 생성한 요구사항을 모두 합쳐서 설계 팀 차원의 정리 작업을 시작한다. 예를 들어, 샤프연필의 개선을 위한 소비자 요구사항을 모은 내용이 그림 7-1에 보여진다. 설계 팀은 이제 토론을 통해 각각의 요구사항을 유사한 내용끼리 모으는 정리작업을 수행한다. 경우에 따라서는 크게 한 그룹으로 모아진 요구사항들이 다시 2~3개의 서브그룹으로 정리되는 경우도 있다. 샤프연필의 요구사항이 크게 3가지로 분류되고 이들 중 한 분류는 다시 2개의 서브그룹으로 분리되어 정리된 내용이 그림 7-2에 보여진다. 이들 그룹과 서브그룹을 대표하는 명칭 또는 이들을 포함하는 상위개념의 요구사항 표현을 그림 7-3에서와 같이 제공한다.

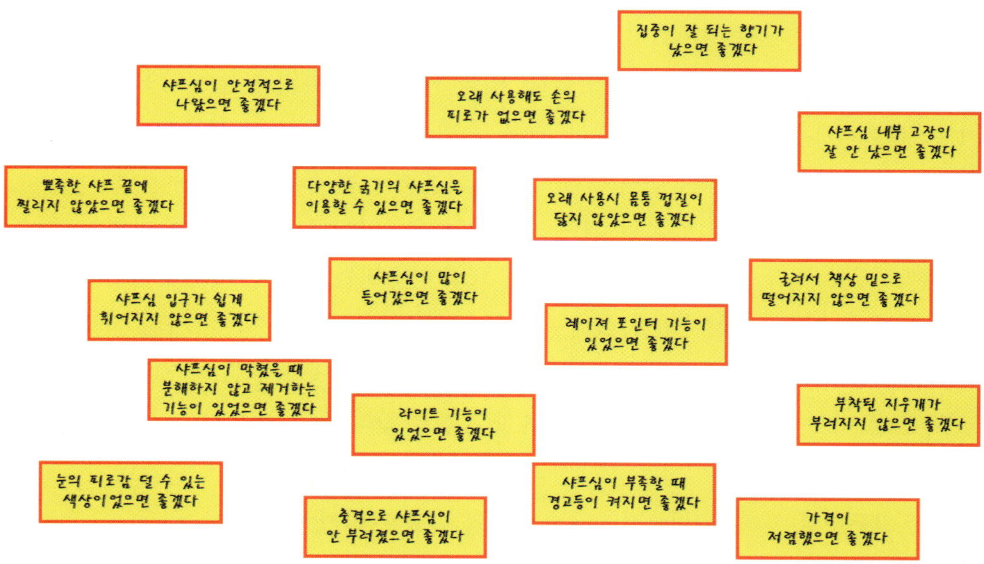

▸▸▸ 그림 7-1 샤프연필 개선 요구사항

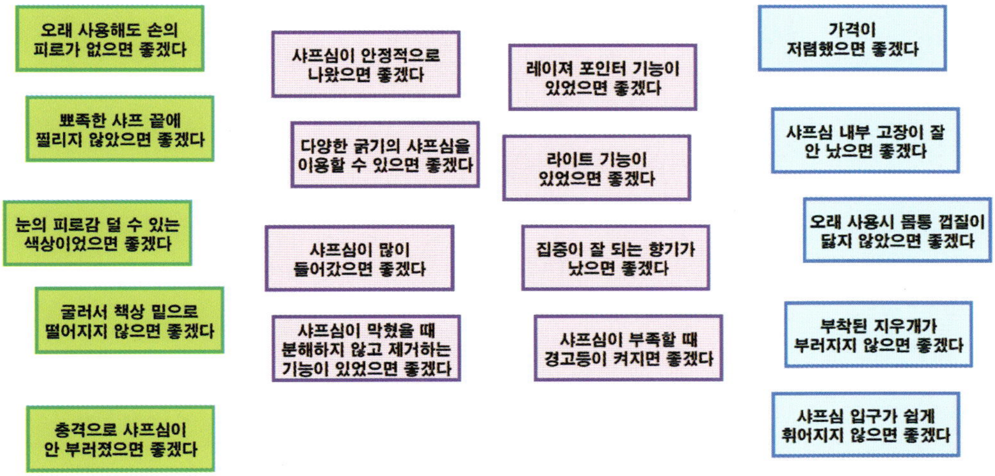

▸▸▸ 그림 7-2 샤프연필 개선 요구사항 Affinity Diagram

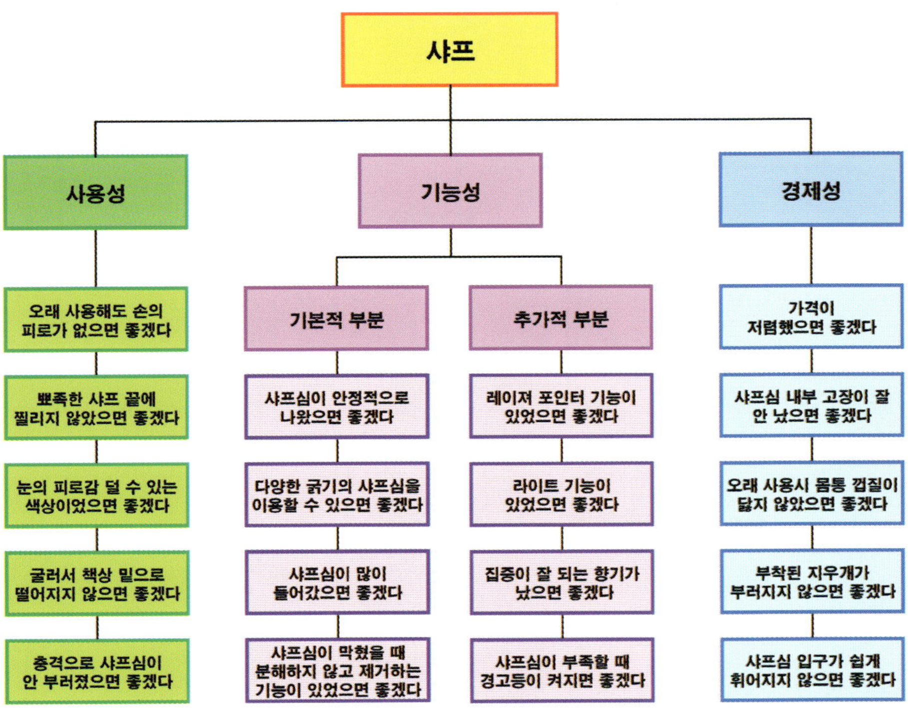

▸▸▸ 그림 7-3 샤프연필 개선 요구사항 목표 트리

계층적 연계 구성

설계 목표는 상위개념과 하위개념으로 연계성을 정리한다. 하위개념은 연계 상위개념의 목표를 이루기 위한 수단(how)으로 볼 수 있으며, 이와 같은 하위개념을 충족하여 상위개념의 목표를 완성하게 된다. 상대적으로 상위개념은 하위개념의 목표들이 충족되어야 하는 이유(why)가 되는 것이다. 냉장고 수납공간 설계의 목표를 3단계로 정리한 Objectives Tree의 예가 그림 7-4에 보여진다.

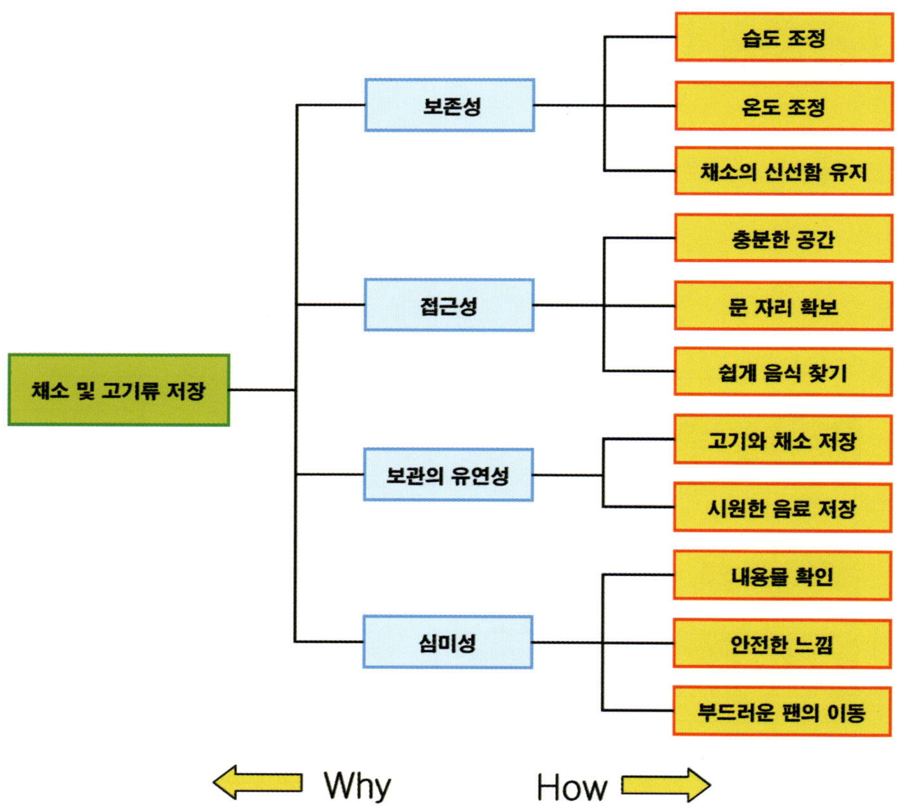

▸▸▸ 그림 7-4 냉장고 수납 공간 목표 트리

Objectives Tree는 세로로 구성하기도 하지만, 그림 7-4와 같이 가로로 구성하여 좌에서 우로 진행하며 하위개념으로 발전시키는 형태로 구성하기도 한다. 냉장고 수납공간의 가장 상위개념의 목표는 채소 및 고기류 저장이다. 이 상위개념의 목표를 이루기 위한 수단으로 보존성, 접근성, 보관의 유연성 그리고 심미성 이렇게 4가지의 하위목표로 나누어진다. 각각은 다시 구체 하위 목표들로 나누어지는데, 보존성은 습도 조정, 온도 조정, 그리고 채소의 신선함 유지로 나누어지게 된다. 접근성은 충분한 공간, 문 열기 위한 자리 확보, 음식을 쉽게 찾는 것으로 나누어지고, 보관의 유연성은 채소와 고기의 저장, 시원한 음료의 저장으로 나누어진다. 마지막으로 심미성은 내용물을 확인할 수 있는 것, 수납공간의 안전한 느낌, 그리고 부드러운 팬의 이동으로 나누어진다.

사례

5장에서 소개한 설계사례인 극장에서 영화를 본 관객의 의견이 앞으로 영화를 볼 관객에게 제공되어 영화를 볼 관객의 궁금한 점을 해결하고, 영화를 본 관객의 의견 표현 기회를 제공하는 의사전달을 가능하게 하는 시스템의 설계 목표 트리 사례가 그림 7-5에 보여진다. 이 사례의 최종 목표는 크게 세 가지 하위 목표로 나누어지고 각 하위 목표는 다시 2~3개의 더 구체적인 하위 목표로 나누어진다. 영화관 내에서의 커뮤니케이션 시스템이라는 최종 목표는 소비자에게 가치를 제공하는 것과 접근이 용이해야 함, 그리고 최소한의 비용이 들어야 한다는 세 가지 하위 목표로 나누어진다. 소비자에게 가치를 제공하는 목표는 소비자에게 즐거움을 주고, 시간을 낭비하지 않도록 하고, 참여자에게 혜택을 주는 세 가지 하위 목표로 다시 나누어진다. 또한 접근이 용이해야 한다는 목표는 영화 상영에 방해가 되면 안 되고, 양방향 의사소통을 가능하게 해야 하는 하위 목표로 다시 나누어지고, 최소한의 비용이 들어야 한다는 목표는 적절한 설비와 시스템 이용을 저렴하게 하는 하위 목표로 나누어진다. 이 하위 단계의 목표들은 다시 다음 단계의 목표로 나누어지는데, 소비자에게 즐거움을 주는 목표는 영화를 본 관객이 영화감상 후기를 공유하는 것과 영화를 볼 관객의 흥미유발을 위해 적절한 영화 정보를 제공하는 것으로 나누어지고, 시간을 낭비하지 않도록 하기 위한 목표는 실시간 의사소통이라는 하위 목표로 나누어진다. 참여자에게 혜택을 주는 목표는 이벤트 등에 참여할 수 있는 기회를 주는 것과 포인트 적립으로 나누어진다. 상영에 방해가 되지 않게 하는 목표는 적절한 수준의 영화 정보 제공과

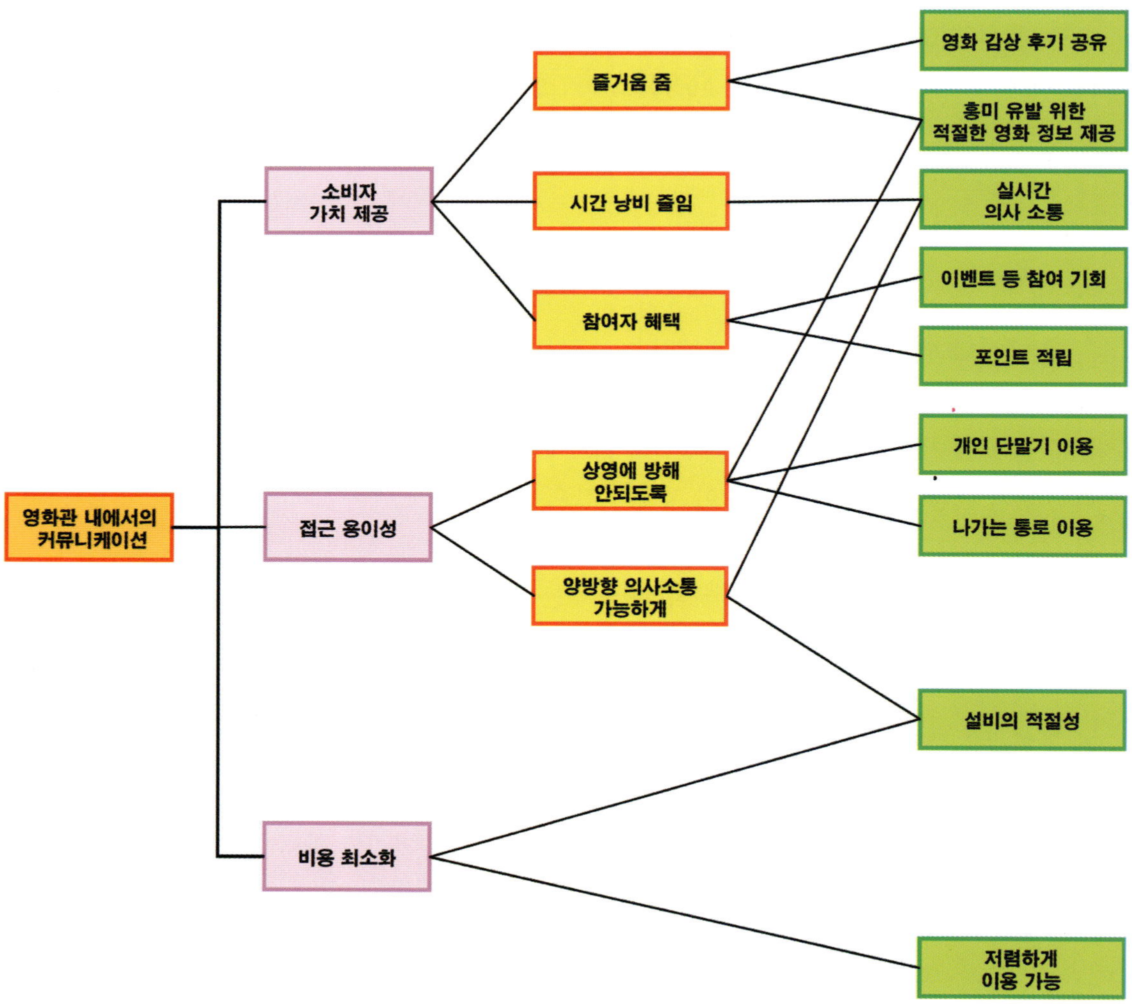

▸▸▸ 그림 7-5 영화관 관객 커뮤니케이션 시스템의 목표 트리

모두가 가지고 있는 개인 단말기를 이용하는 것 그리고 영화 상영 후 나가는 통로를 이용하는 것으로 나누어지며, 양방향 의사소통이 가능하게 하는 목표는 실시간 의사소통을 가능하게 하는 것과 적절한 설비의 하위 목표로 나누어진다. 그리고 흥미 유발을 위한 적절한 영화 정보 제공이나 실시간 의사소통, 설비의 적절성은 하나 이상의 상위 목표를 만족시키고 있음을 또한 볼 수 있다.

2. 기능 분할(Function Decomposition)

설계 과정에서 제품 또는 서비스가 해내야 하는 역할인 기능을 정하는 단계가 매우 중요하다. 또한 이 기능이 적절한 수준에서 정의되어야 한다. 여기서는 에너지, 물질 및 정보의 흐름으로 기능을 표현하고 이를 하위단위의 기능으로 분할하는 기능 설계 방법을 소개한다.

우선 설계 대상 제품 또는 서비스의 종합 기능을 정의한다. 그리고 이 종합 기능을 하위 기능으로 분할하고, 이들을 체계적으로 순서화한다. 그리고 또다시 이들 기능을 분할하여 세분화하는 과정을 적절한 단계까지 반복적으로 수행한다. 이와 같은 기본적인 기능 분할 과정의 틀 속에서 구체적 방법을 설명하자.

종합 기능 정의

설계 대상 제품 또는 서비스가 제공하여야 하는 역할을 블랙박스의 형태로 표현한다. 이 블랙박스 안에서 무엇이 어떻게 되어야 함은 잠시 접어두고, 이 블랙박스의 input과 output을 정의하고 관련된 자원(resource)을 명기한다. 입출력 대상은 에너지, 물질 및 정보의 세 분류로 나누어서 표현한다. 이때에 들어가고 나오는 에너지와 물질에는 보존법칙이 제공되어야 한다. 즉, 들어간 만큼 나오거나, 아니면 그 안에서 저장되어야 한다. 그리고 정보의 흐름의 경우, 과연 어떻게 적절한 정보를 알 수 있게 되는지를 규명하여야 한다. 이와 같은 입출력 이외에 상호작용을 하는 다른 객체를 명확히 규명하여야 한다. 예를 들어, 사용자가 상호작용을 하는 경우, 사용자의 연계를 기능 정의 블랙박스에 표현한다. 구체적으로 입력은 블랙박스의 왼쪽에서 들어가 오른쪽으로 나오는 형태로 화살표를 이용하여 표시하고, 상호작용 객체는 윗면 또는 아랫면에 표시한다. 입출력의 에너지, 물질, 정보의 각 세 종류를 시각적으로 구분하기 위해 각각 다른 종류의 화살표를 이용하기도 한다.

▸▸▸ 그림 7-6 기능 블랙박스

기능 분할

종합 기능을 핵심적 서브 기능으로 분할한다. 이때 기능은 무엇(명사)을 어떻게 한다(능동적 동사)는 형식을 기본으로 하고 필요한 상세내용을 수식어로 추가하여 표현한다. 제품이나 서비스의 사용단계뿐 아니라, 준비 및 정리 단계의 해당 기능들도 고려하여 포함시킨다. 기계적 기능을 표현하는 대표적 능동적 동사의 예는 다음 절에서 제시한다.

서브 기능의 순서 연결

분할된 서브 기능들을 물질과 정보의 흐름의 논리적 관계, 시간의 흐름 등을 고려하여 순서를 정해 연결한다. 이때 일부 서브 기능들에는 직렬의 순서가 있기도 하고, 일부 서브 기능들에는 병렬적인 연결이 되기도 한다. 서브 기능을 다시 분할하여 위와 같은 절차를 반복한다. 분할 작업은 각 세부 기능이 충분히 하위로 나누어질 때까지 계속된다.

사례

기능 분할 방법을 다음의 카펫타일 포장 기능(Cross, 2000)을 이용하여 설명해 보자. 정사각형으로 잘려져서 바닥에 타일처럼 부착시키는 카펫이 처음에는 길게 말린 원단 단계에서 스탬핑 방법으로 사각형으로 잘라내고, 이들을 적당한 개수로 포장하는 기능이 고려 대상이다. 따라서 종합 기능은 그림 7-7에서 보는 바와 같다. 긴 원단으로부터 정사각형으로 잘라진 상태에서 포장 시스템의 입력으로 들어온다고 가정하자. 짜투리 잘린 부분을 분리해내고, 제대로 정사각형으로 잘렸는지 품질을 검사한 후, 합격된 것들의 수를 세어서 정해진 개수대로 모은 다음 포장한다. 그리고 저장 또는 배달을 위해 다음 단계로 보낸다. 이 경우 위의 서브 기능들에는 명백한 순서가 있다. 예를 들어, 품질 검사 이전에 개수를 세는 것은 논리에 맞지 않기 때문이다. 이와 같은 기능 분할 결과가 그림 7-8에 보여진다. 여기서 주어진 포장 기능의 시스템 경계는 일점쇄선으로 표시한 바와 같다. 그런데 이와 같은 주기능 이외에도, 짜투리를 분리했으면 이들을 버리는 기능, 불량으로 판정난 카펫타일을 버리는 부분 등의 기능은 보조적 기능으로 함께 고려되어야 한다. 그리고 포장을 하기 위해서는 시스템 외부로부터 박스를 입력받아 여기에 카펫타일을 포장하여야 한다. 이와 같은 보조 기능이 그림 7-9에 보여진다.

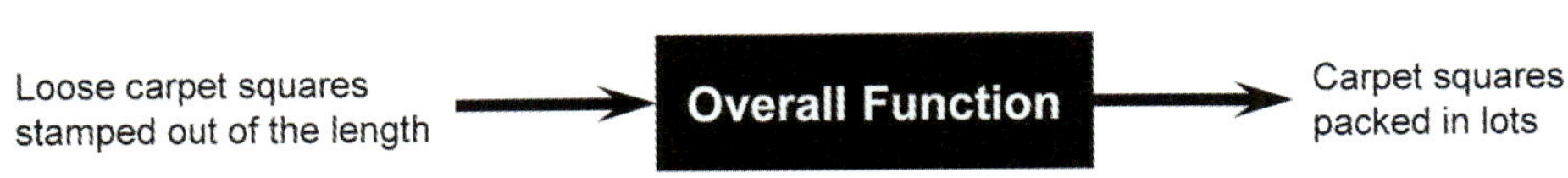

▸▸▸ 그림 7-7 카펫타일 포장 종합기능

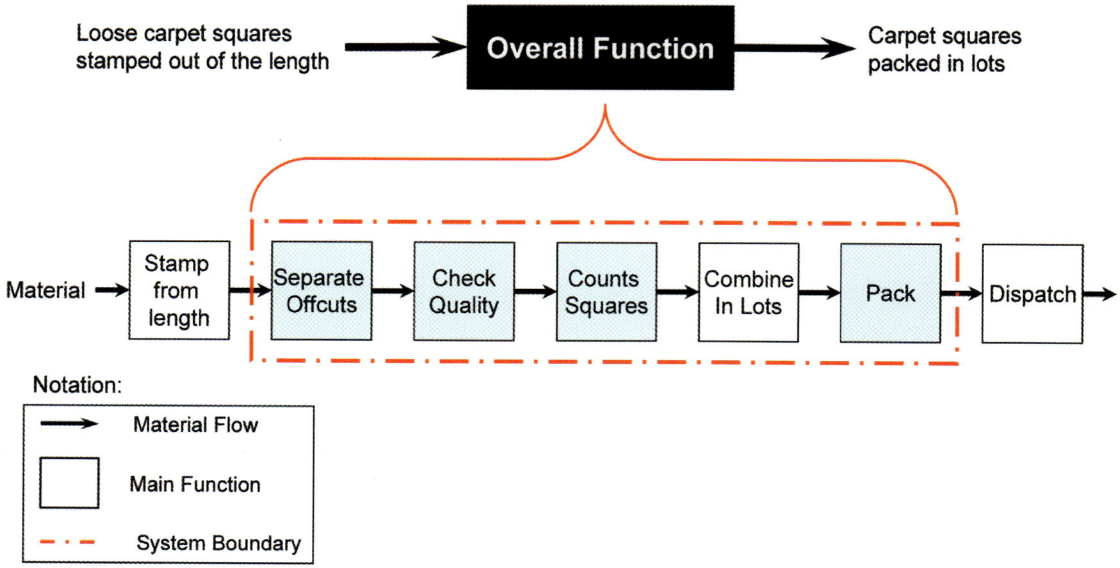

▸▸▸ 그림 7-8 카펫타일 포장 기능 분할

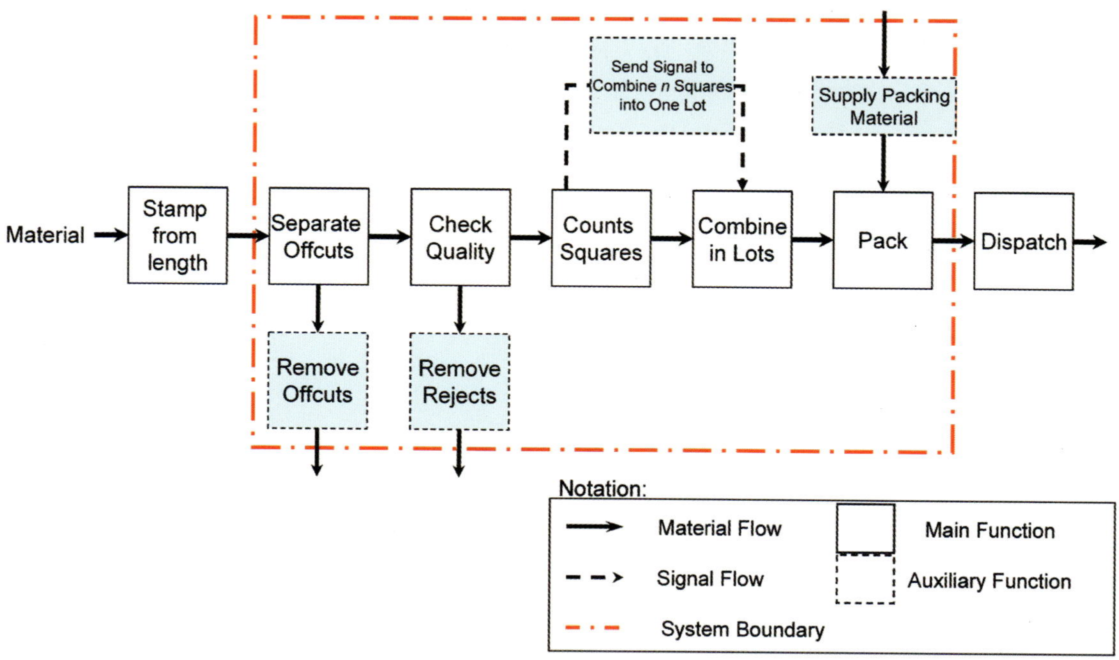

▸▸▸ 그림 7-9 카펫타일 포장 기능 분할 및 보조 기능(Cross, 2000)

사례

세탁기의 기능은 그림 7-10에서 보듯, 더러운 옷을 입력하여 깨끗한 옷과 때를 분리하여 출력하는 기능이다(Cross, 2000). 이와 같은 종합기능은 물과 세재를 추가로 입력하여 옷에서 때를 느슨하게 하는 기능, 이어서 흔들어서 때를 옷으로부터 분리하는 기능, 그리고 추가로 물을 입력하여 때를 물로 씻어 헹구어 버리고 물과 옷을 출력하는 기능으로 분할된다. 이 경우가 그림 7-11의 Simple Washing Machine의 시스템 경계에 해당한다. 여기에 짤순이가 추가되면, 원심력에 의해 물기를 더욱 제거하여 별도로 출력시켜 물기가 적게 남은 옷을 출력하는 새로운 제품으로 전환된다. 여기에 다시 뜨거운 공기로 건조시키는 기능을 추가하면 요즈음 사용되는 세탁기-건조기 혼합형태의 제품(예로 트롬세탁기)의 경우로 시스템이 확장되고 신제품이 출현한다. 이어서 아직은 실현이 되지 않았지만 옷을 다려서 나오게 하는 기능이 추가된다면 또 신제품이 출현하게 된다.

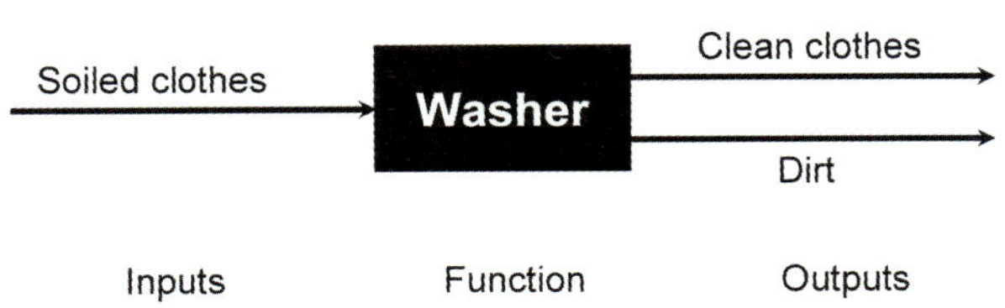

▸▸▸ 그림 7-10 세탁기의 종합 기능

사례

이 가습기 사례의 특징은 기능의 입력과 출력을 에너지와 물질, 그리고 정보의 3가지로 각각 다르게 분류하여 표현한 것이다. 가습기의 종합 기능은 방안에 습도를 높이는 기능으로 그림 7-12에서 보는 것과 같다. 에너지의 흐름으로 전기가 입력되어 열, 소리, 그리고 운동 에너지가 출력되고, 물질의 흐름으로는 물이 입력되어 수증기가 출력되며, 정보의 흐름으로 가습기가 켜져 있는지 꺼져 있는

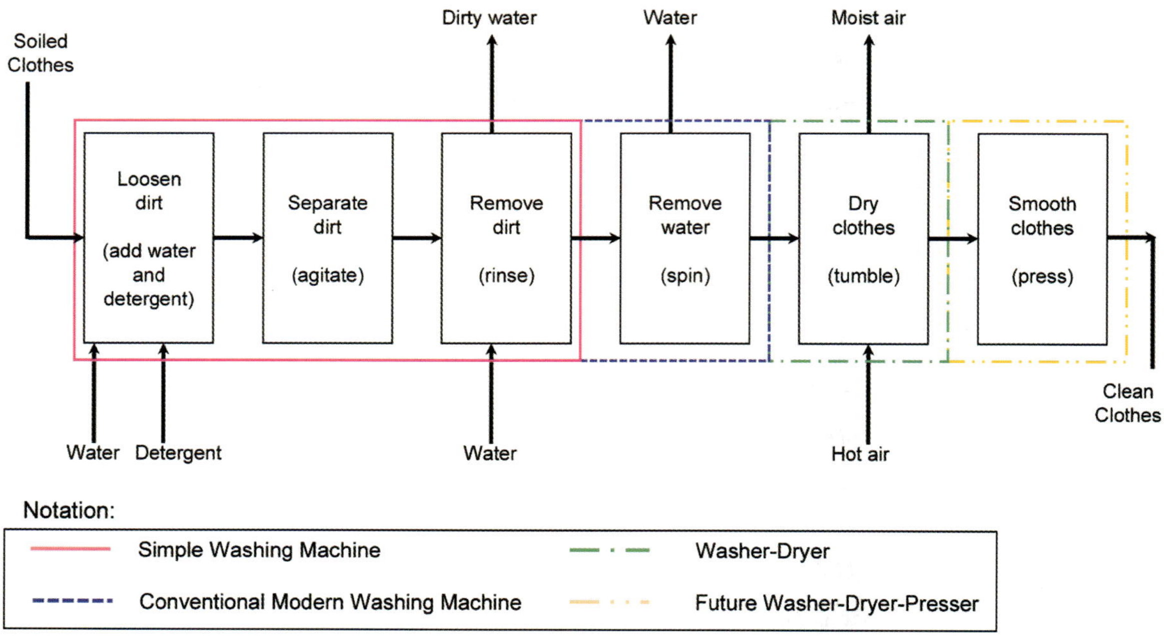

▸▸▸ 그림 7-11 세탁기의 기능 확장 및 신제품 출현(Cross, 2000)

지를 입력받아 가습기가 켜져 있거나 꺼져 있음을 출력하는 것이다. 가습기의 기능 확장을 통해 각 흐름의 구체적인 모습이 그림 7-13에 나와 있다. 먼저, 물은 입력되어 가습기의 물 탱크에 저장되어 있고, 전기 에너지는 가습기가 켜져 있는 정보를 획득하면 입력되어 가습기 안에서 열과 운동 에너지로 바뀌게 되며, 이때 소음이 소리 에너지로 발생하게 된다. 운동 에너지는 저장되어 있던 물을 이동시키고, 물이 열 에너지와 만나 수증기로 변하게 된다. 계속해서, 운동 에너지는 수증기를 밖으로 내보내며 방출되고, 열 에너지도 방출되게 된다.

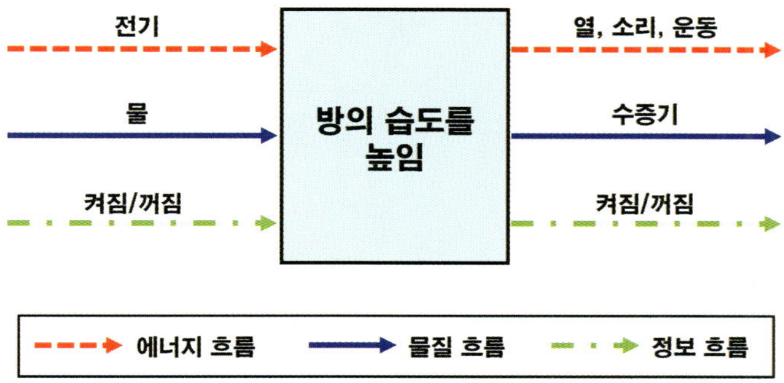

▸▸▸ 그림 7-12 가습기의 종합 기능

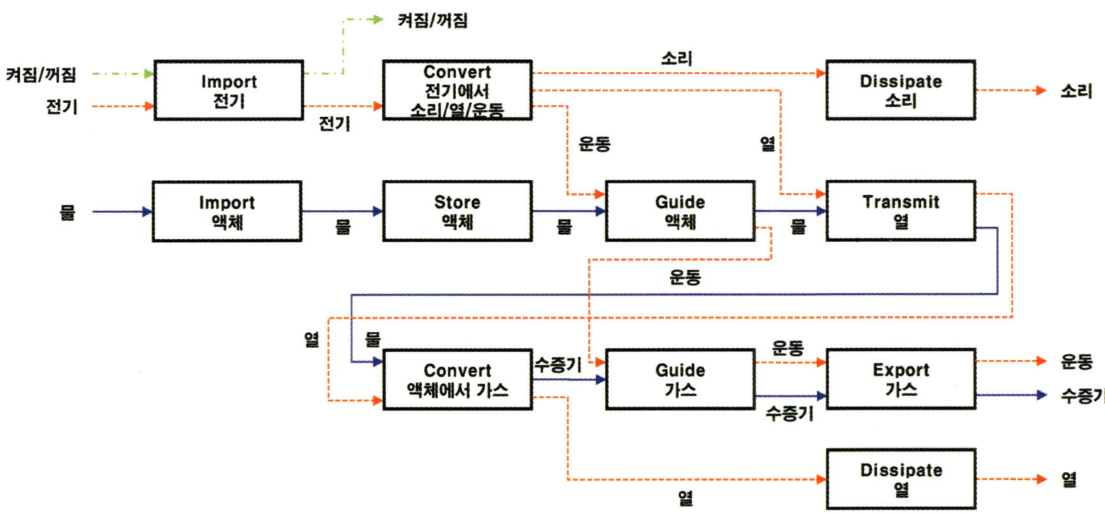

▸▸▸ 그림 7-13 가습기의 기능 분할

3. 기능 기반 설계(Function-based Design)

설계 문제해결을 위해 설계 대상의 기능을 계층적으로 정리하는 기능 전개 방법을 앞에서 설명하였다. 이렇게 기능을 먼저 정리하고, 각 하위 기능을 수행할 형태(Form), 또는 다른 표현으로 구조(Structure), 또는 다른 표현으로 개념(Concept)을 결정하는 설계 방법은 경험 많은 설계자들이 흔히 진행하는 방법인 기능과 개념을 한데 묶어서 진행하는 방법과 차별화될 수 있다. 이는 의도적으로 기능과 개념을 분리함으로써, 설계자들이 흔히 빠지기 쉬운 고정관념화된 아이디어의 사용을 방지하려는 것이다. 예를 들어, 전기 에너지를 회전운동으로 바꾸는 기능을 흔히 모터와 혼동하여 사용할 수 있다. 그렇다면 이와 같은 기능을 수행하는 창의적인 개념을 찾기 위한 노력 없이 기존의 고정관념이 된 모터를 곧바로 연계할 것이다. 결국 그렇다면 설계안이 빨리 생성될 수 있을지 모르지만, 새롭고 유용한 창의적인 설계안은 만들어지지 않을 것이다.

개념은 기능을 수행하는 수단을 의미한다. 동일한 기능을 수행하는 수단은 여러 가지가 있을 수 있다. 기능은 설계 대상 제품 또는 서비스가 해내야 하는 역할이며, 개념은 제품 또는 서비스가 그 기능을 어떻게 수행하느냐 하는 방법, 또는 수단이다. 결국 설계 개념안을 정하는 일이 만들어질 인공물을 묘사하는 일이 되는 것이다. 계층적으로 정리된 기능 전개에서, 각 하위 기능에 대해 이를 수행하는 방법을 가능한 한 많이 생성해내야 한다. 이러한 기능을 생성하는 방법에는 설계 팀의 브레인스토밍에 의한 방법, 기존의 설계 사례에 관한 지식을 이용하는 방법, 관련 서적 또는 부품 카탈로그를 이용하는 방법, 관련 전문가에 문의하는 방법 등이 있다. 이러한 개념 설계 결과는 기능-개념 연계 매핑 정보, 하위 기능의 개념 스케치, 관련된 자료 등으로 정리된다.

구체적 기능 기반 설계 방법

기능 기반 설계의 구체적 가이드로 대표적인 기계적 기능 체계를 설명한다. 이는 헬리콥터와 같은 종합 제품의 부품을 하나하나 분해해가며 각 부품의 기능을 규명해보는 제품해체(Product Dissection) 설계추론 방법에 의해 규명한 수많은 기능들을 Affinity Diagram 기법에서처럼 유사한 것들을 통폐합하여 분류 정리한 것으로 그림 7-14에 보인 바와 같다(Kirschman & Fadel 1998). 크게 운동(Motion) 관련 기능, 파워/물질(Power/Matter) 관련 기능, 제어(Control) 기능, 울타리(Enclosure) 기능 등 4분류로 나누어진다. 일반적으로 기능은 '무엇을 어떻게 한다' 는 능동형 동사로 표현하며, 부가적으로 '무엇' 부분을 구체화한다.

운동 관련 기능에는 생성(create), 전환(convert), 수정(modify), 전달(transmit), 소멸(dissipate) 등이 있으며, 운동은 크게 회전, 직선, 반복 및 기타 운동 등으로 나누어진다. 전환과 수정 등의 경우 어떤 운동을 어떤 운동으로 전환 또는 수정한다는 부가적 수식어 부분이 있을 수 있다. 이와 같은 부분은 괄호로 표시하였다.

파워와 물질은 저장(store), 흡입(intake), 방출(expel), 수정(modify), 전달(transmit), 소멸(dissipate)하며, 이와 같은 활동의 이유는 제어하거나, 열을 가하거나, 이동시키기 위한 경우가 있을 수 있다.

제어의 대상은 파워, 운동, 정보 등이며, 사용자의 제어 또는 자동 피드백 제어 등이 가능하며, 연속적 및 비연속적 제어가 가능하고, 결과로 수정이 일어나거나 표시 등을 하게 된다.

그리고 많은 종류의 기능들이 소위 울타리 기능으로 종합되어 분류된다. 움직이거나 정지상태의 물건을 지지(support), 부착(attach), 연결(connect), 가이드(guide), 제한(limit), 덮기(cover)하는 등의 기능을 영구적으로 또는 복원 가능하도록 수행한다. 때로는 다른 물건에 상대적으로 이러한 울타리 기능을 제공한다. 예를 들어, 물막이를 자전거에 부착한다와 같이 부착하는 대상과 부착장소 등이 별도로 지정된다.

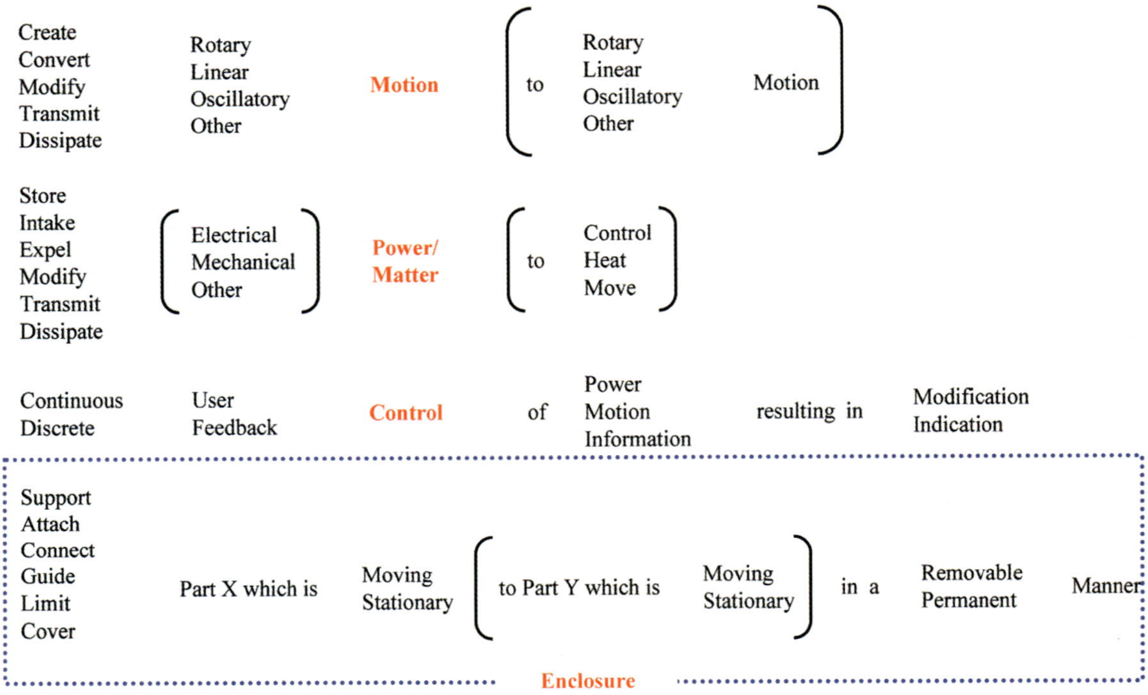

▸▸▸ 그림 7-14 기계적 기능 체계(Kirschman & Fadel, 1998)

이와 같은 기본적 기능 분류를 통해 개념설계과정이 진행될 수 있다. 물론 해당되는 행위동사의 범위는 더욱 확정될 수 있다. 간단한 사례를 들어보자. 기본적으로 이 분류표상의 기능을 일반화하여 정리하면 그림 7-15와 같이 motion, power, enclosure와 control로부터 시작한다. 이를 전동드릴에 대해 발전시키면 최상위 기능은 drill hole로 표현되고(그림 7-16), 이는 다시 그림 7-17에서와 같이 구체화된다. 파워가 제공되고, 저장되며, 제어되어야 하고, 운동은 드릴척을 돌리는 회전 운동으로, 이 역시 생성되고, 회전속도가 수정되며, 제어되어야 한다. 그리고 제품 전체의 적절한 울타리 기능이 필요하다.

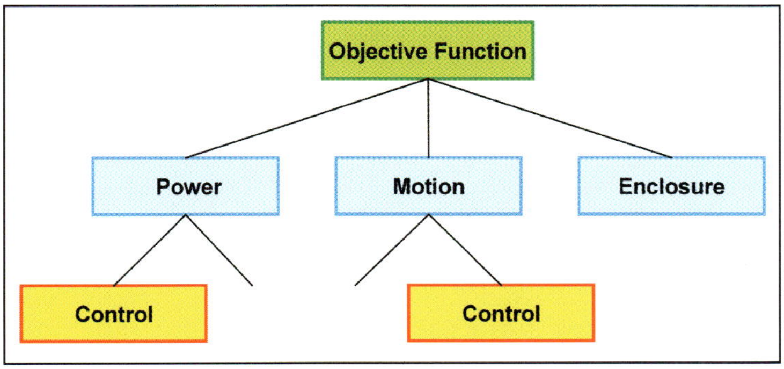

▸▸▸ 그림 7-15 기계적 기능 체계 기반 목표 트리

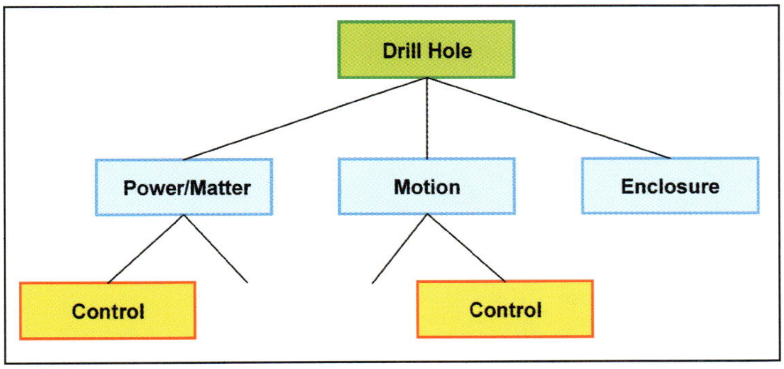

▸▸▸ 그림 7-16 전동드릴의 기계적 기능 체계 기반 목표 트리

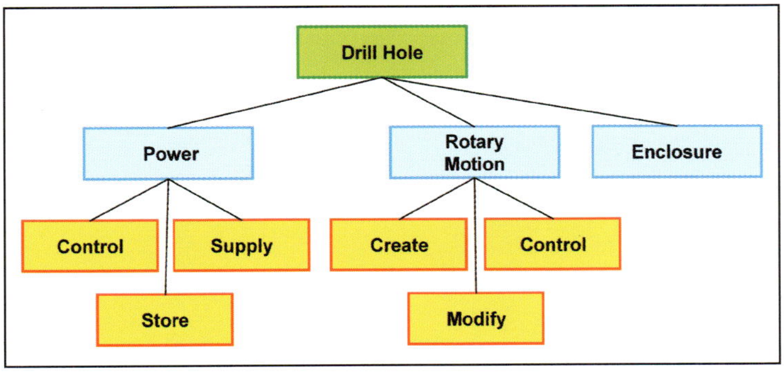

▸▸▸ 그림 7-17 전동드릴의 기능 목표 트리

기능기반 설계의 다음 단계는 이러한 각 기능을 수행할 수단인 개념을 연계하는 것이므로, 다양한 대안의 생성 없이 간단히 대표적 개념을 연계하면 그림 7-18에서 보는 바와 같다. 즉, 전기 파워를 충전기를 통해 제공하고, 배터리에 저장하고, 스위치를 통해 제어하고, DC Motor를 통해 회전운동을 생성하고, 기어를 통해 회전속도를 수정하고, 스위치를 통해 제어하고, 적절한 울타리 기능을 수행하는 몸체를 통해 전동드릴의 개념 설계가 완성된다. 실제로 이러한 전동제품이 설계되고 생산되었다. 그림 7-19에서 보는 바와 같이 실제 제품은 앞서의 기능기반 개념설계에서의 개념을 그대로 반영한 것이다. 다양한 Enclosure 기능을 하는 몸체 부분을 플라스틱 사출 성형을 통해 각 기능을 수행하는 적절한 특징형상이 오른쪽 확대 그림에서 보는 바와 같이 한 부품에 모두 만들어진 혁신적인 제품을 실제로 설계하고 생산하였다.

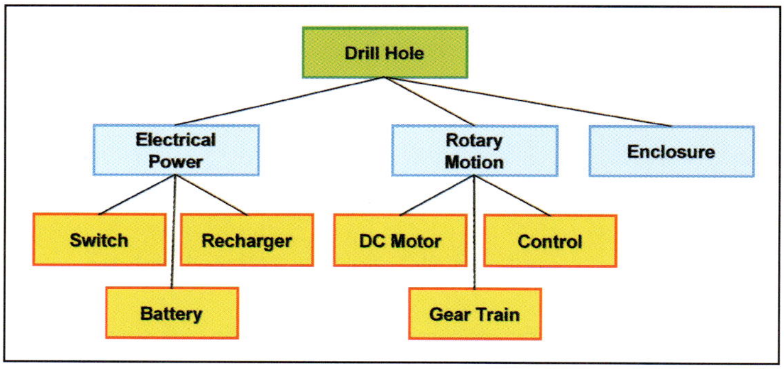

▸▸▸ 그림 7-18 전동드릴의 개념 설계

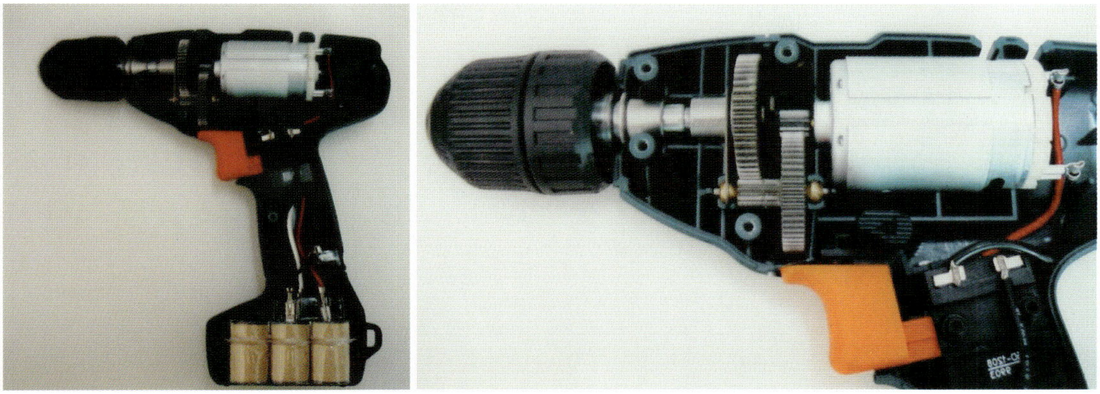

▸▸▸ 그림 7-19 Black & Dekker의 전동드릴

4. 개념 설계안 생성

설계과정의 핵심단계는 개념 설계안의 생성 단계이다. 현존하지 않는 새롭고 유용한 제품 및 서비스의 개념적 형태와 구조의 제안을 생성해내는 활동이다. 새로운 개념의 제안이지만, 많은 경우 현존하는 제품 또는 서비스의 변형된 형태로 되기도 한다. 적절한 기존의 요소들을 찾아내고, 이들을 새롭게 조합함이 중요한 창의적 설계활동이다. 여기서는 기본 요소와 부품들을 다양한 방법으로 조합하여 많은 종합적 설계안을 만드는 창의적 방법인 Morphological Chart를 소개한다.

Morphological Chart

Morphological Chart는 하위 기능을 수행하는 개념들을 조합하여 많은 수의 새로운 개념을 만들어내는 방법으로, 이를 통해 생성되는 종합 개념안들은 참신한 설계안이 될 수 있으며, 새로운 설계안의 가능한 탐색 공간을 확장하는 역할을 한다. 기능 분할을 통해서 하위 기능 리스트를 생성한다. 각각의 하위 기능에 대해 이를 수행할 수단인 개념 리스트를 생성한다. 여기에는 기존 부품이 들어갈 수도 있고, 새로운 개념이 들어갈 수도 있다. 각 하위 기능과 이에 대한 개념으로 매트릭스를 만든다. 각 기능별로 서로 다른 개념들을 선택하여 종합 개념을 구성한다. 하위 기능의 개념들은 서로 종합될 수 없는 경우도 있고, 다른 제약이 있어 적절한 종합 개념의 조합을 만들어낸다. Morphological Chart의 이용을 사례를 통하여 설명한다.

사례

자동차, 배, 비행기 등 수송 수단의 기본 기능은 이들 수송기구를 중력이 작용하는 환경에서의 지지 기능, 앞으로 나가게 하는 구동 기능, 수송기구와 수송대상의 안정성 유지 기능 및 방향 등의 제어 기능 등이 있다. 이와 같은 각각의 기능을 수행하는 방법으로 육, 해, 공의 3가지 방법을 생각할 수 있다. 이를 Morphological Chart로 나타내면 그림 7-20과 같다. 대표적인 수송수단인 자동차는 4기능을 모두 지면으로 배는 모두 물로, 비행기는 모두 공기로 수행하는 경우이다. 이 이외에도 4가지의 기능당 육, 해, 공 3개념이 가능하므로 3×3×3×3 = 81가지의 종합 개념이 가능하다. 이들 중 지면을 통한 지지, 안정, 제어를, 그리고 공기를 통한 구동을 하는 경우 및 수면을 통한 지지, 안정, 제어를, 그리고 공기를 통한 구동을 하는 경우 등 새로운 수송수단의 예를 그림 7-21에서 볼 수 있다.

사례

2008년 1학기 성균관대 창의적공학설계 수업의 개념설계 프로젝트를 통해 학생들은 병원을 타운워칭하면서 복도에 세워져 있는 휠체어로 인해 복도 공간이 협소해지는 것과 몸이 불편한 환자들이 침대에만 누워 있는 모습을 관찰하였다.

기능	방법		
지지	지면	물	공기
구동	지면	물	공기
안정성	지면	물	공기
제어	지면	물	공기

▸▸▸ 그림 7-20 수송수단 Morphological Chart

▸▸▸ 그림 7-21 Morphological Chart 이용 종합 개념의 사례

병원 복도와 병실내의 공간을 확보하는 것과 보호자 없이는 휠체어에 옮겨 타는 것이 어려운 환자들을 위한 대안으로 침대와 휠체어의 통합을 제안하였다.

침대와 휠체어를 통합하는 이 시스템의 기능을 3단계로 나누어 표현하면 그림 7-22와 같다. 침대와 휠체어로 분리 및 하나로 결합하는 것이 이 시스템의 최상위 기능이고, 이는 고정, 분리 결합의 세 가지 기능으로 나누어진다. 고정 기능은 연결유지 및 편안함 유지 기능으로 나누어지고, 편안함 유지 기능은 다시 안전유지와 고정 상태 표시로 나누어진다. 그리고 분리 기능은 연결 끊기, 위치 변경, 편안함 유지의 세 가지 기능으로 나누어지고, 위치 변경 기능은 방향 가이드, 이동 기능으로 나누어지며, 편안함 유지 기능은 안전 유지와 연결 상태 표시 기능으로 나누어진다. 결합 기능 또한 위치 변경, 연결, 편안함 유지의 세 가지 기능

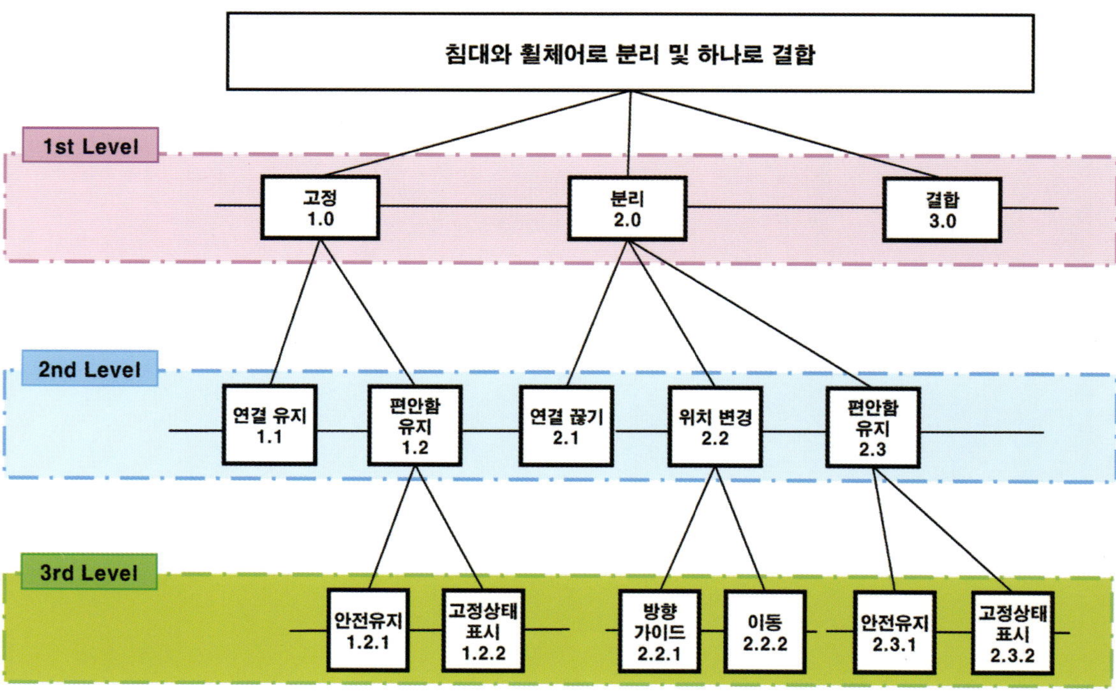

▸▸▸ 그림 7-22 침대와 휠체어 통합 시스템 목표 트리

으로 나누어지고, 위치 변경 기능은 방향 가이드, 이동 기능으로 나누어지며, 편안함 유지 기능은 안전 유지, 연결 상태 표시 기능으로 나누어진다.

하위 단위로 나누어진 각 기능의 구현 방법은 여러 가지 경우의 수가 있을 수 있는데, Morphological Chart를 통해 경우의 수를 표현할 수 있고 이는 그림 7-23과 같다. 예를 들면, 연결 유지하는 기능에는 핀을 사용하는 방법, 벨크로를 사용하는 방법, 또는 양면테이프나 자석, 로프를 사용하는 방법이 있고, 연결 상태를 표시하는 기능에는 램프를 통해 표시하는 방법, 모니터를 통해 확인하는 방법, 또는 색이나 소리로 표시하는 방법이 있을 수 있다.

<table>
<tr><td rowspan="3">고정
(1.0)</td><td colspan="2">연결 유지 (1.1)</td><td>핀</td><td>벨크로</td><td>양면테이프</td><td>자석</td><td>로프</td></tr>
<tr><td rowspan="2">편안함 유지
(1.2)</td><td>안전 유지 (1.2.1)</td><td>로프</td><td>난간</td><td>다중이음매</td><td>스프링</td><td>잠금장치</td></tr>
<tr><td>고정 상태 표시(1.2.2)</td><td>램프</td><td>비쥬얼 모니터</td><td>색</td><td>소리</td><td></td></tr>
<tr><td rowspan="5">분리
(2.0)</td><td colspan="2">연결 끊기 (2.1)</td><td>압력</td><td>전자동</td><td>전기 스위치</td><td>열</td><td></td></tr>
<tr><td rowspan="2">위치 변경
(2.2)</td><td>방향 가이드 (2.2.1)</td><td>레일</td><td>소리</td><td>전자동</td><td>비쥬얼 메세지</td><td></td></tr>
<tr><td>이동 (2.2.2)</td><td>압력</td><td>전자동</td><td>전기 스위치</td><td>열</td><td></td></tr>
<tr><td rowspan="2">편안함 유지
(2.3)</td><td>안전 유지 (2.3.1)</td><td>로프</td><td>난간</td><td>다중이음매</td><td>스프링</td><td>잠금장치</td></tr>
<tr><td>연결 상태 표시 (2.3.2)</td><td>램프</td><td>비쥬얼 모니터</td><td>색</td><td>소리</td><td></td></tr>
<tr><td rowspan="5">결합
(3.0)</td><td rowspan="2">위치 변경
(3.1)</td><td>방향 가이드 (3.1.1)</td><td>레일</td><td>소리</td><td>전자동</td><td>비쥬얼 메세지</td><td></td></tr>
<tr><td>이동 (3.1.2)</td><td>압력</td><td>전자동</td><td>전기 스위치</td><td>열</td><td></td></tr>
<tr><td colspan="2">연결 (3.2)</td><td>핀</td><td>벨크로</td><td>양면테이프</td><td>자석</td><td>로프</td></tr>
<tr><td rowspan="2">편안함 유지
(3.3)</td><td>안전 유지 (3.3.1)</td><td>로프</td><td>난간</td><td>다중이음매</td><td>스프링</td><td>잠금장치</td></tr>
<tr><td>연결 상태 표시 (3.3.2)</td><td>램프</td><td>비쥬얼 모니터</td><td>색</td><td>소리</td><td></td></tr>
</table>

▸▸▸ 그림 7-23 침대와 휠체어 통합 시스템 기능-개념 매핑 및 Morphological Chart

Morphological Chart를 통해 나열된 방법들은 각각 일대일로 매칭하며 서로 다른 많은 개념안을 제시할 수 있게 된다. 예를 들어, 침대와 휠체어를 통합하는 이 시스템의 경우 이론상으론 5×5×4×4×4×4×5×4×4×4×5×5×4로 총 204,800,000가지의 다른 개념안을 제안할 수 있게 된다. 이 중, 현실 가능성이 있는 대안들을 선택하여 몇 가지 개념안들을 만들 수 있는데, 그 중 두 가지의 예를 그림 7-24와 그림 7-25에서 보여주고 있다. 그림 7-24의 예를 들면, 침대와 휠체어 고정 시 핀으로 연결을 유지하고, 난간으로 안전을 유지하며, 고정 상태는 램프를 통해 표시하게 된다. 침대와 휠체어를 분리할 때는 손의 압력으로 핀을 제거하여 연결을 끊고, 이동 표시에 따라 환자가 움직이게 되며, 분리 상태는 램프로 확인하게 된다. 또한 침대와 휠체어가 결합할 때는 비쥬얼 메시지에 따라 결합하는 부위로 이동하여 핀으로 연결하고, 램프로 연결 상태를 표시하게 된다.

고정 (1.0)	연결 유지 (1.1)		핀	벨크로	양면테이프	자석	로프
	편안함 유지 (1.2)	안전 유지 (1.2.1)	로프	난간	다중이음매	스프링	잠금장치
		고정 상태 표시(1.2.2)	램프	비쥬얼 모니터	색	소리	
분리 (2.0)	연결 끊기 (2.1)		압력	전자동	전기 스위치	열	
	위치 변경 (2.2)	방향 가이드 (2.2.1)	레일	소리	전자동	비쥬얼 메세지	
		이동 (2.2.2)	압력	전자동	전기 스위치	열	
	편안함 유지 (2.3)	안전 유지 (2.3.1)	로프	난간	다중이음매	스프링	잠금장치
		연결 상태 표시 (2.3.2)	램프	비쥬얼 모니터	색	소리	
결합 (3.0)	위치 변경 (3.1)	방향 가이드 (3.1.1)	레일	소리	전자동	비쥬얼 메세지	
		이동 (3.1.2)	압력	전자동	전기 스위치	열	
	연결 (3.2)		핀	벨크로	양면테이프	자석	로프
	편안함 유지 (3.3)	안전 유지 (3.3.1)	로프	난간	다중이음매	스프링	잠금장치
		연결 상태 표시 (3.3.2)	램프	비쥬얼 모니터	색	소리	

▸▸▸ 그림 7-24 Morphological Chart를 통한 침대와 휠체어 통합 시스템 종합 개념 1

고정 (1.0)	연결 유지 (1.1)		핀	벨크로	양면테이프	자석	로프
	편안함 유지 (1.2)	안전 유지 (1.2.1)	로프	난간	다중이음매	스프링	잠금장치
		고정 상태 표시(1.2.2)	램프	비쥬얼 모니터	색	소리	
분리 (2.0)	연결 끊기 (2.1)		압력	전자동	전기 스위치	열	
	위치 변경 (2.2)	방향 가이드 (2.2.1)	레일	소리	전자동	비쥬얼 메세지	
		이동 (2.2.2)	압력	전자동	전기 스위치	열	
	편안함 유지 (2.3)	안전 유지 (2.3.1)	로프	난간	다중이음매	스프링	잠금장치
		연결 상태 표시 (2.3.2)	램프	비쥬얼 모니터	색	소리	
결합 (3.0)	위치 변경 (3.1)	방향 가이드 (3.1.1)	레일	소리	전자동	비쥬얼 메세지	
		이동 (3.1.2)	압력	전자동	전기 스위치	열	
	연결 (3.2)		핀	벨크로	양면테이프	자석	로프
	편안함 유지 (3.3)	안전 유지 (3.3.1)	로프	난간	다중이음매	스프링	잠금장치
		연결 상태 표시 (3.3.2)	램프	비쥬얼 모니터	색	소리	

▸▸▸ 그림 7-25 Morphological Chart를 통한 침대와 휠체어 통합 시스템 종합 개념 2

5. 개념안 평가 방법

탐색-생성-평가-전달로 설명하는 설계 4단계의 설명이나 Archer의 설계 프로세스 모델에서는 평가의 역할이 매우 중요하다는 것을 보여준다. 생성-평가의 순환이 핵심 과정을 이루는 것이다. 브레인스토밍에서 대량의 아이디어를 생성해내는 것은 다음 단계에서 적절한 평가가 이루어짐을 염두에 둔 활동이다. 평가내용에 따라 다시 수행되는 생성과정이 효과적으로 의미 있게 진행된다. 여기서는 평가 대상인 설계 개념의 구체성 및 설계 과정의 각 단계를 반영하여 사용할 수 있는 세 가지의 평가 기법을 소개한다. 초기의 개념 설계안 수립단계에서 간단히 짧은 시간 안에 수행할 수 있는 평가 방법으로 Pugh 평가 방법(Pugh, 1981)을 소개하고, 평가 기준을 상, 중, 하 등으로 차별화하여 적용하는 조금 더 정교한 평가 방법으로 Dominic 평가 방법(Dixon & Poli, 1995)을 소개하고, 마지막으로 Objectives Tree를 이용하여 각 평가항목의 중요도를 구체적으로 결정하여 진행하는 더욱 정교한 목표 트리 평가 방법(Pahl & Beitz, 1996)을 소개한다.

Pugh 평가 방법

특정한 기능을 수행하는 다양한 개념을 평가하는 간단한 방법으로 Pugh 평가 방법이 있다. 예를 들어, 4개의 개념안 A, B, C, D를 비교 평가하는 상황을 생각해보자. 이 설계문제는 6개의 평가 기준을 갖고 있다고 가정하자. Pugh 평가 방법은 평가 기준을 모두 동등하게 간주한다. 그리고 4개의 개념안 중 기준이 될 개념안을 정한다. 그리고 각 평가 기준에 대해 나머지 3개 개념안을 상대적으로 비교한다. 기준안과 동등한 평가이면 S(for the same)를 해당 메이트릭스에 기록한다. 기준안보다 우수하면 +를, 열등하면 −를 기록한다. 예로 개념안 A를 기준으로 정한다고 가정하고 그림 7-26에서와 같은 비교 평가가 이루어졌다고 가정하자. 평가기준 1에 대하여는 개념안 B가 기준인 A보다 낮은 평가를 받아 해당란에 −, C는 A보다 높은 평가를 받아 +, D는 동등한 평가를 받아 S를 기록한다. 이와 같이 나머지 평가기준에 대하여 평가를 진행한다. 각 개념안에 대해 +, S, −의 개수를 정리하고, +,−의 합계를 기록한다. 그림 7-26에서 개념안 B의 총계는 −2, C는 +1, D는 +2로 여섯 가지의 모든 평가를 종합적으로 고려한 비교 평가 결과가 얻어진다.

	개념안 A	개념안 B	개념안 C	개념안 D
평가기준 1	S	-	+	S
평가기준 2	S	-	-	+
평가기준 3	S	S	S	+
평가기준 4	S	+	+	+
평가기준 5	S	-	+	-
평가기준 6	S	S	-	S
+	0	1	3	3
S	6	2	1	2
-	0	3	2	1
총계	0	-2	+1	+2

▸▸▸ 그림 7-26 Pugh 평가 방법

Pugh 평가 방법은 기준이 되는 개념안을 정하여 이에 대한 +, −, S의 3단계로 간단히 비교 평가하고, 평가기준의 중요도도 모두 동등하게 간주하는 아주 간단한 평가 방법이다. 빠른 시간 안에 상위개념의 비교를 하는 방법이다. Pugh 방법에서는 기준이 되는 개념안을 적절히 선정하는 것이 중요하다. 너무 우수하여 다른 모든 안들이 상대적으로 낮게 평가되어도 안 되고, 너무 열등하여 다른 모든 안들이 상대적으로 높게 평가되어도 이들 다른 안들 간의 비교가 불가능해지므로 적절한 기준 개념안의 선정이 중요하다. 일반적으로 설계 팀이 잘 알고 있는 개념안을 기준안으로 정하는 것이 좋다.

사례

2008년 1학기 성균관대 창의적공학설계 수업의 개념설계 프로젝트를 통해 학생들은 디지털 기기의 다양화 및 대중화로 핸드폰뿐만 아니라 mp3, 닌텐도 DS

등 디지털 기기를 하나 이상 누구나 소지하고 있으며, 디지털 기기의 소형화로 집에서만 사용하는 것이 아니라 들고 다니며 사용하는 모습을 발견하였다. 사용자 설문조사 등을 통해 디지털 기기를 사용하면서 사용자들이 겪는 가장 큰 불편 중 하나가 충전 문제임을 발견하였다. 따라서 휴대용 디지털 기기 사용이 많은 10대부터 30대 층을 주소비자로 삼고, 외출할 때 가장 많이 이용되는 제품인 가방에 디지털 기기를 충전시킬 수 있는 기능을 추가한 충전이 가능한 가방 컨셉을 제안하였다. 백팩, 숄더백, 여행용백 컨셉 각각 2개씩의 개념안을 도출하였고, 각 개념안의 평가에 Pugh 평가 방법을 적용한 결과가 그림 7-27에 있다. 가격, 무게,

	백팩 1	백팩 2	숄더백 1	숄더백 2	여행용백 1	여행용백 2
가격	-	-	+	S	+	-
무게	-	-	+	S	-	+
크기	+	+	S	S	S	+
청소 용이	S	+	S	S	-	+
기기 고정도	S	-	-	S	S	-
착용감	S	-	+	S	-	-
충전 시간	-	S	+	S	-	S
충전확인 편리성	S	S	-	S	S	+
공간 활용	-	-	-	S	+	+
소음 정도	+	-	+	S	S	+
수리 용이성	+	+	S	S	+	S
내구성	+	-	+	S	-	-
안전성	+	-	+	S	+	S
+	5	3	7	0	4	6
Same	4	2	3	13	4	3
-	4	8	3	0	5	4
Total	1	-5	4	0	-1	2

▸▸▸ 그림 7-27 Pugh 평가 방법 사례

크기, 청소 용이, 기기의 고정도, 착용감, 충전 시간, 충전 확인의 편리성, 공간 활용, 소음 정도, 수리의 용이성, 내구성, 그리고 안전성까지 총 13개의 평가기준을 가지고, 숄더백2 개념안을 기준으로 정하여 각 개념안을 +, S, −로 평가한 결과, 백팩1이 1점, 백팩2가 −5점, 숄더백1이 4점, 숄더백2가 0점, 여행용백1이 −1점, 여행용백2가 2점으로 숄더백1이 가장 좋은 개념안으로 나왔다.

Pugh 평가 방법을 개선하는 평가 방법으로 각 평가 기준의 중요도를 각각 다르게 하는 Weighted Pugh 방법, 또 기준 개념안에 대한 상대적 평가를 아주 우수한 경우 ++, 아주 열등한 경우 −−를 정하여 5등급으로 평가하는 방법이 있다. 위의 충전이 가능한 가방 설계의 경우, 중요도를 5점 척도로 하여 적용한 사례의 Weighted Pugh 평가 결과가 그림 7-28에 있다.

	가중치	백팩 1	백팩 2	숄더백 1	숄더백 2	여행용백 1	여행용백 2
가격	5	-	-	+	S	++	-
무게	5	-	-	++	S	-	+
크기	4	+	+	S	S	S	+
청소 용이	2	S	+	S	S	-	+
기기 고정도	3	S	-	-	S	S	-
착용감	5	S	-	+	S	-	-
충전 시간	5	-	S	+	S	-	S
충전확인 편리성	3	S	S	-	S	S	+
공간 활용	4	-	-	-	S	++	+
소음 정도	3	++	-	+	S	S	+
수리 용이성	2	++	++	S	S	+	S
내구성	4	+	-	+	S	-	-
안전성	4	+	-	+	S	++	S
Total		3	-21	26	0	7	0

▸▸▸ 그림 7-28 Weighted Pugh 평가 방법

Dominic 평가 방법

기준이 되는 개념안을 정하여, 이것에 상대적인 우수, 동등, 열등의 3등급으로 평가하는 Pugh 평가 방법보다 조금 더 상세한 평가를 할 수 있는 방법이 매사추세츠 대학의 Dixon 교수팀이 개발한 Dominic이라는 설계지원 환경에서 소개되었다. Dominic 평가 방법은 평가기준을 높은 중요도, 보통 중요도, 낮은 중요도의 3등급으로 분류한다. 그리고 각 평가기준에 대한 개념안의 평가를 절대적으로 수(Excellent), 우(Good), 미(Fair), 양(Poor), 가(Unacceptable)의 5등급으로 평가한다. 그리고 평가 기준을 모두 고려한 총체적 평가 기준을 3등급의 평가기준에 대한 수우미양가로 받은 평가 상황의 종합적 경계선을 정하여 종합 평가한다.

예를 들어, A, B, C 3개의 개념안을 총 13개의 평가기준에 대하여 평가함에 있어서, 평가기준 4개는 높은 중요도를 갖고 나머지 4개는 보통 중요도, 나머지 5개는 낮은 중요도를 갖는다고 가정하자. 개념안 A는 높은 중요도의 평가에서 Good 1개, Fair 2개, Poor 1개를 평가받고, 보통 중요도의 평가에서 Excellent 1개, Good 2개, Poor 1개를 평가받고, 낮은 중요도의 평가에서 Excellent 1개, Good 1개, Fair 2개, Poor 1개를 평가받았다고 하자. 그림 7-29에서 이 평가 결과를 표로 보여준다. 개념안 B는 높은 중요도의 평가에서 Excellent 1개, Good 1개, Fair 2개를 평가받고, 보통 중요도의 평가에서 Good 1개, Fair 2개, Poor 1개를 평가받고, 낮은 중요도의 평가에서 Excellent 2개, Good 1개, Fair 1개, Poor 1개를 평가받았다고 하자. 개념안 C는 높은 중요도의 평가에서 Excellent 1개, Good 2개, Poor 1개를 평가받고, 보통 중요도의 평가에서 Excellent 2개, Good 2개를 평가받고, 낮은 중요도의 평가에서 Good 3개, Fair 2개를 평가받았다고 하자.

이와 같은 개별 평가기준에 대한 절대적 평가를 종합적 평가를 하기 위한 시각적 매트릭스로 그림 7-30과 같이 표현한다. 세로축은 상, 중, 하 3등급의 평가기준, 가로축은 Excellent, Good, Fair, Poor, Unacceptable 등 5개 평가등급으로 총 15개의 셀을 만들고, 이 셀에 평가 등급에 따라, A, B, C 개념안 기호를 기록한다. 다음 종합적 평가의 경계를 정한다. 예를 들어, 종합적으로 Excellent를 받으려면, 높은 중요도의 모든 평가를 Excellent를 받고, 보통 중요도에서는 Good 이상의 평가를, 낮은 중요도의 평가에서는 Fair 이상의 평가를 받도록 결정하고, 이를 표현하는 경계선을 그림 7-30의 실선과 같이 표시한다. 종합적으로 Good 평가를 받으려면, 높은 중요도의 모든 평가를 Good 이상 받고, 나머지는 Excellent와 같은 기준으로 적용하면 보통 중요도와 낮은 중요도에서는 Fair 이상의 평가를 받도록 결정하고, 이를 표현하는 경계선을 그림 7-30의 점선과 같이 표시한다. 종합적으로 Fair의 평가는 Good의 경우에서 각각 한 단계씩 하향 조정한 그림 7-30의 일점 쇄선으로 정한다. 그리고 종합적 Poor는 모든 평가에서 Poor 이상을 받는 경우로 정한다. 물론 설계 상황에 따라 경계선을 정하는 전략은 각기 달라질 수 있다.

종합적 평가는 과연 각 개념안들이 어느 경계선 안에 분포하는지를 통해 결정한다. 예에서, 개념안 A는 모든 기준에 대한 평가가 종합적 Poor의 경계 안에 위치한다. B는 Fair의 경계 안에, C는 Poor의 경계 안에 분포한다. 따라서 종합적인 평가에서 B가 제일 좋은 평가를 받게 된다.

한편 Dominic 평가 방법은 특정한 개념안이 과연 어떤 평가 항목에 대한 평가 수준을 개선하면 종합적인 평가를 높이는 방향이 되는지를 판단하는 데에 도움을 준다. 위의 예에서, C 개념안의 경우, 높은 중요도의 평가 기준 중 한 개에서 Poor를 받아 종합 평가에서 Poor를 받았는데, 이 1개의 항목에 대한 개선을 하여 Good 이상의 평가를 받게 된다면 종합평가를 Good으로 받을 수 있게 된다.

	높은	보통	낮은
A (백팩 1타입)	F, P, F, G	P, E, G, G	E, P, F, F, G
B (숄더백 1타입)	G, E, F, F	F, F, P, G	G, P, E, E, F
C (여행용백 1타입)	P, G, G, E	E, E, G, G	G, F, G, G, F

▸▸▸ 그림 7-29 Dominic 평가 방법 사례–하위 기능 결과

	High	Moderate	Low
Excellent	C, B	A, C, C	A, B, B
Good	A, B, C, C	A, A, B, C, C	A,B, C, C, C
Fair	A, A, B, B	B, B	A, A, B, C, C
Poor	A, C	A, B	A, B
Unacceptable			

Excellent
Good
Fair
Poor

▸▸▸ 그림 7-30 Dominic 평가 방법 사례–종합 평가

목표 트리 평가 방법

상위의 설계 목표를 계층 트리 구조로 표현하는 Objectives Tree를 이용하여 개념 설계안을 평가하는 방법이 있다. 결국 설계과정 전반부에서 구축한 설계 목표를 기능전개 등의 방법으로 하위 기능으로 표현하고, 이들 하위 기능을 수행하는 개념들을 Morphological Chart로 조합하여 종합적 설계 개념안을 만들어내

게 되며, 이들을 다시 계층적으로 되어 있는 설계 목표에 대비하여 평가하게 되는 것이다. 설계 목표 각 항목이 평가 항목이 된다. 그리고 이들의 중요도를 목표 트리의 계층적 구조를 이용하여 서브 트리 단위로 결정할 수 있다.

예를 들어, 최상위의 목표 O1이 그림 7-31에서 보듯 4가지의 서브 목표로 O11, O12, O13, O14로 만족된다고 하자. 이 경우 O1의 중요도는 당연히 1로 결정되며, 4서브 목표의 상대적 중요도 W11, W12, W13, W14는 이들 중요도의 합이 1이 되도록 결정한다(W11+W12+W13+W14 = 1). 이어서 서브 트리 O11을 살펴보자. 서브 목표 O11은 다시 서브-서브 목표 O111, O112, O113, O114, O115로 구성된다고 하자. 이 경우 각 상대적 중요도를 W111+W112+ W113+W114+W115 = 1이 되도록 정한다. 마찬가지로 W121+W122+ W123+W124 = 1이 되도록 O12의 서브 목표의 중요도를 정한다. 같은 방법으로 O13 및 O14의 서브 목표의 중요도도 결정한다. 그러면 목표 트리의 각 leaf node에 해당하는 최하위 단위의 목표들의 상대적 중요도는 목표 트리의 root node인 O1에서부터 해당 leaf node까지의 경로상의 중요도를 각각 곱하기하여 구해진다. 예를 들어, O111의 전체에서의 종합적 중요도는 W1×W11×W111으로 구해지면, O112의 종합 중요도는 W1×W11×W112로, O121의 종합 중요도는 W1×W12×W121으로 구해진다. 예를 들어, 그림 7-32에 있는 서브 목표의 중요도는 각각 0.3, 0.25, 0.25, 0.2로 이들의 합은 1이다. O12의 서브 목표들의 중요도는 0.4, 0.4, 0.2로 역시 이들의 합은 1이다. 최말단의 목표 항목인 O123의 종합 중요도는 root인 O1에서 O12를 거쳐 O123에 이르는 경로상의 각 중요도의 곱하기인 W1×W12×W123 = 1×0.25×0.2 = 0.05로 결정된다. 같은 방법으로 O132의 중요도는 W1×W123×W132 = 1×0.25×0.4 = 0.1로 결정된다.

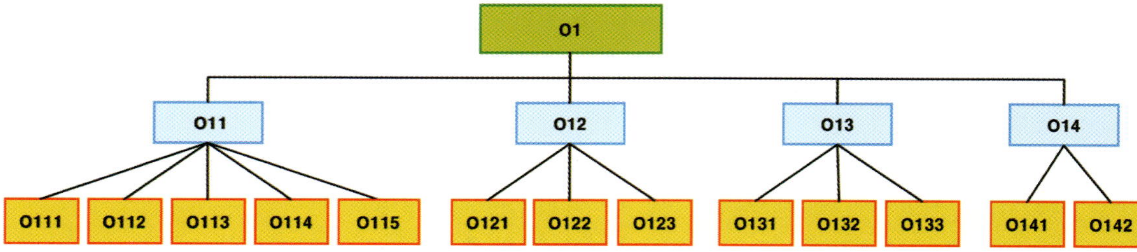

▸▸▸ 그림 7-31 목표 트리

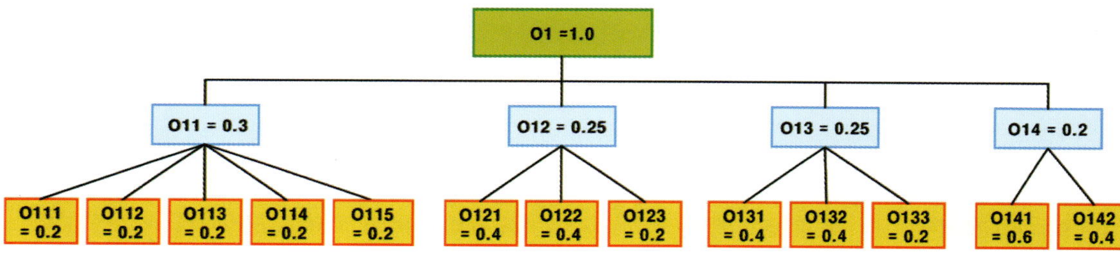

▸▸▸ 그림 7-32 목표 트리 중요도

이렇게 각 평가 항목에 대한 중요도가 결정되면 이제는 이들 각 항목에 대한 개념 설계안의 평가 방법을 결정한다. 이 경우, 5점 척도로 할 수도 있고, 더욱 정교한 평가를 위해 10점 척도를 이용할 수도 있다. 10점 척도를 이용하여 수행한 3가지 개념안의 평가 결과를 해당 항목의 중요도를 합하여 합산을 통한 구체적 수치에 의해 평가한 예를 그림 7-33에서 보여준다.

이상 Pugh 평가 방법, Dominic 평가 방법, 목표 트리 평가 방법 등을 소개하였다. 이 세 가지 방법은 각각 평가의 정교함이 다르다. 예를 들어, 하위 기능에 해당하는 개념안을 만들어서, 이들 중 적절한 개념을 Morphological Chart를 이용하여 하위 기능의 개념으로 하여 종합 개념을 구성하려 할 때, 하위 기능의 선정과정 등에서는 Pugh 평가 방법을 이용하고, 종합적인 개념안 몇 개의 평가

		백 팩 1타입 Number Value	숄더백 1타입 Number Value	여행용백 1타입 Number Value
O11 = 0.3	O111 = 0.2	3	8	4
	O112 = 0.2	7	6	7
	O113 = 0.2	6	7	8
	O114 = 0.2	5	8	4
	O115 = 0.2	4	7	6
O12 = 0.25	O121 = 0.4	7	7	7
	O121 = 0.4	6	8	7
	O121 = 0.2	4	8	5
O13 = 0.25	O131 = 0.4	3	8	4
	O131 = 0.4	5	8	5
	O131 = 0.2	3	7	5
O14 = 0.2	O141 = 0.6	4	6	3
	O141 = 0.4	2	4	5
Overall weighted value		3*0.06+7*0.06+ 6*0.06+5*0.06+ 4*0.06+7*0.10+ 6*0.10+4*0.05+ 3*0.10+5*0.10+ 3*0.05+4*0.12+ +2*0.08= 4.59	8*0.06+6*0.06+ 7*0.06+8*0.06+ 7*0.06+7*0.10+ 8*0.10+8*0.05+ 8*0.10+8*0.10+ 7*0.05+6*0.12+ +4*0.08= 7.05	4*0.06+7*0.06+ 8*0.06+4*0.06+ 6*0.06+7*0.10+ 7*0.10+5*0.05+ 4*0.10+5*0.10+ 5*0.05+3*0.12+ +5*0.08= 5.30

▸▸▸ 그림 7-33 목표 트리 이용 평가 방법

시에는 Dominic 방법을 이용하고, 그리고 이들 중 일부를 상세 설계로 발전한 결과를 평가할 때에는 목표 트리 평가 방법 등을 이용하는 적절한 평가 방법의 사용을 설계 팀의 상황에 따라 선택하여야 한다.

8

창의적 설계 교육

창의적 설계 교육

설계기본소양의 개발이 전 공학 분야의 엔지니어에게 필요하다. 성균관대학교에서는 저자가 개발한 '창의적공학설계' 교과목을 통해서 1학년 공학도들에게 설계기본소양을 교육하고 있다. 이 과목의 목적은 공학도에게 창의적 문제해결 능력을 바탕으로 설계기본소양을 배양하는 데 있다. 이 과목에서는 팀 활동에서의 협동, 혁신적이고 효율적인 아이디어 창출 방법, 발표기술 등을 통하여 스스로의 체험 속에서 설계 방법을 학습하게 한다. 이러한 학습은 교과목을 통해 수행되는 설계프로젝트를 통하여 이루어진다. 성균관대학교에서 진행되는 창의적공학설계 교과목의 내용을 간략히 소개함으로써 이 책의 내용이 어떻게 입문 설계 교육의 핵심내용을 구성하게 하는지를 소개한다.

1. 설계기본소양

창의적인 문제해결 능력, 스케치 및 시각적 추론 능력, 팀을 이루어 문제해결하는 능력 및 팀원들과의 조화 능력, 사용자 입장을 고려하는 능력, 설계한 내용을 발표하고, 이를 토론을 통하여 개선할 수 있는 능력 등의 설계기본소양의 개발이 전 공학 분야의 엔지니어에게 필요하다. 이들 설계기본소양은 엔지니어의 Life-Long Learning의 기본이 된다.

1995년에 미국기계학회(ASME)가 미국과학재단(National Science Foundation)의 지원으로 기계공학 교과과정을 개선하기 위해 산업체 중견 엔지니어들과 대학 교수들을 대상으로 하여 제품개발 프로세스의 주요 능력들을 조사하였다(ASME, 1995). 산업체와 학계에서 공통으로 가장 중요한 능력으로 Teamwork, Communication; Creative Thinking, Sketching/Drawing; Professional Ethics, Design Reviews, Systems Perspective 등의 설계기본소양이 Design for Manufacture 등보다 더 전문적인 설계 능력들과 더불어 공학과정 졸업생에 요구되는 제품개발 프로세스의 주요 능력들로 조사되었다. 또한 미국과학재단의 공학교육 개혁과제로 수행되는 Synthesis Coalition의 주도 멤버인 Stanford 대학의 Sheppard 교수 등이 설계 공학도의 16가지의 기본 소양(Qualities for Design Engineers)을 제시하였다(Sheppard et al., 1997).

이들 설계기본소양의 교육은 공학도의 기본 소양으로 몸에 배어야 하므로 빠르면 빠를수록 좋다고 하겠다. 한편, 이들 소양이 전문적으로 의미 있는 상황에서 교육되어야 효과적이므로, 공학교육학부 1, 2학년 과정에서 가장 효과적으로 교육되어야 한다.

2. 창의적공학설계 교과내용

설계란……

교과내용은 우선 공학설계, 산업디자인 등 다양한 관점에서 설계(design)란 무엇인가를 설명한다. 예를 들면, "Design is emotional logic."이라는 산업디자이너의 설명을 통해, 디자인의 양면적 성질 등을 소개하고, 공학설계 관점에서의 설계과정의 sandwich model 등을 소개한다.

시각적 사고 및 시각적 추론

시각적인 사고 기능 및 추론 능력을 익히게 하고, 눈에 보이는 대로 스케치하고, 스케치를 통하여 새로운 물체 형상 및 이들의 관계성을 창출해내는 능력을 교육한다. 예를 들면, Lego block들을 보면서 실제 보이는 대로 원근법 스케치를 연습하고, 3D 퍼즐 설계 및 제작 과제를 통하여 형상의 시각화와 이를 바탕으로 한 형상설계 및 실제 프로토타입으로의 제작 구현을 연습하게 한다. 또한 자기집 안내하기 등의 간단한 과제를 통하여 시각적 정보와 비시각적 정보의 혼용 필요성 및 이들의 적절한 조합을 실감하게 한다.

제품개발과정

이어서 제품의 개념 및 제품개발과정을 설명하고, 제품 품질의 다양한 요소를 학생들이 스스로 토의를 통해 이해하도록 한다. 가급적 모든 학생들이 손을 들고 자기의 생각을 이야기할 수 있는 친숙한 내용으로, 자연스런 질문과 학생들의 대답을 통해 학생들의 수업참여도를 증진시킨다. 학생들이 이야기한 내용을 모두 긍정적으로 받아들여 서로 유사한 성질의 내용을 한데 모으는 방식으로 기록하고, 앞선 학생의 발표 내용을 통해 다른 학생들이 계속 자신의 생각을 이야기하게 한다. 결국 아직 학생들에게는 브레인스토밍에 대해 말하지 않은 채, 학생 전원과 함께 브레인스토밍을 진행하는 것이다. 그 다음으로는 소비자 요구사항을 제품개발 과정에 반영하여 제품의 품질을 향상시키는 대표적인 방법론인 Quality Function Deployment(QFD)를 프로젝트 수행을 통하여 학습하게 한다. 이 프로젝트는 샤프 연필 등 1학년 학생들이 사용자로서 익숙하고 수준이 적합한 간단한 제품을 대상으로 팀 과제로 진행한다.

설계창의성

교과목의 제목에서도 부각된 창의성에 관련한 교육이 중요한 요소를 이룬다. 특히 문제의 인식단계, 준비단계, 부화단계, 조명단계, 검증단계 등으로 구성되어 순환되는 창의적인 문제해결 과정을 지적 영역과 직관적 영역의 자연스런 전환으로 설명한 창의성 관점을 설명한다. 그리고 이와 같은 전환능력을 비슷한 전환적 사고 과정이 일어나는 시각적 추론 연습 등을 통하여 학습하게 한다. 역사적으로 많은 창의적 업적을 남긴 사람들의 성향 특성을 소개하고, 특히 이들의 양면적 특성을 소개한다. 또한 개인성향에 따른 다양한 설계창의성 양상을 설명하고, 학생들의 설계 창의성 양상을 조사하여, 이를 설계 팀 구성 등에 이용한다.

설계방법론

이어 수행되는 2개의 주 설계과제를 통해 학생들은 구체적 설계 방법론을 익히게 된다. 흔히 숙련된 설계자는 Holistic한 설계과정을 통해 여러 가지 설계 방법 및 관점의 자연스런 조화를 이루어 설계를 하므로, 자칫 설계 방법론의 틀에 제약을 받으면 설계과정을 창의적으로 진행하지 못한다고 생각한다. 하지만 창의적공학설계 수업을 수강하는 학생들은 설계 초보자들이다. 따라서 이들에게는 체계적인 설계 방법론의 소개가 필요하고, 가급적 이러한 방법론의 틀에서 설계 과제를 수행하도록 권장하여야 한다. 다양한 아이디어를 생성하게 하는 창의적 설계 방법과 철저한 준비 및 설계아이디어의 실현 가능화 등을 지원하는 합리적 설계 방법을 소개한다. 설계방법론의 소개는 수업시간에 학생들이 팀을 이루어 직접 진행되는 간단한 프로젝트 및 Buzz 토론의 형태로 체험하며 진행된다. 이와 같은 설계방법론의 소개는 학생들이 QFD 프로젝트를 진행하는 시점에 시작하여, 첫 번째 주 설계과제인 개념설계 프로젝트를 수행하는 기간에 걸쳐 진행된다.

개념설계과제

소개된 설계방법론은 개념설계과제를 통하여 학생들이 익히게 된다. 기존제품의 혁신적인 향상 또는 새로운 제품의 설계를 개념설계 단계까지 진행하는 과제로서, 4~5명이 팀을 이루어 수행한다. 과제내용은 design brief, 2~3회에 걸친 중간보고서 및 최종보고서 등의 3단계에 걸친 보고서 및 Powerpoint로 준비된 설계 발표를 통해 평가된다. 특히 발표를 통한 자신들의 독창적인 개념설계의 설득적인 설명, 그리고 이를 바탕으로 한 학생들 간의 질의, 응답 형식의 토론을 통하여, 학생들은 자신들의 아이디어 및 설계 의사를 보다 공식적인 방법으로 다른 사람에게 전달하는 기술을 접하게 된다. 물론, 보고서 작성, 발표 자료 준비 및 프리젠테이션 방법 등도 중요한 기술적 의사전달 방법의 교육이 된다. 개념설계 발표에 대한 평가에는 모든 학생들이 함께 참여한다.

설계제작과제

마지막으로는 실제 시작품을 제작하는 design-build-test 프로젝트를 수행한다. 5~6명의 학생들의 실험실습비로부터 제공되는 일정액의 재료비로 간단한 기구/제품의 시작품을 직접 설계 제작한다. 특히 이 design-build-test 프로젝트는 design studio에서 학생들이 서로 몸으로 부딪치며 팀을 이루어 제작하는 과정을 통해 개념설계 과제와는 또 다른 팀워크 경험을 하게 된다. 이 프로젝트는 festival 분위기의 경쟁 형식으로 팀별 시작품을 겨루어 평가가 이루어진다.

3. 맺음말

성균관대학교 창의적공학설계에서 모든 학생들은 개인별 설계 소과제 외에는 각기 다른 팀원과 호흡을 맞추며 팀 프로젝트들을 수행하게 된다. 3~4명의 소규모 그룹으로 편성된 팀과제인 QFD 프로젝트, 4~5명으로 이루어진 개념설계 프로젝트와 5~6명으로 이루어진 design-build-test 프로젝트를 서로 다른 팀원으로 편성되어 수행하게 된다. QFD 과제는 흔히 대부분 다른 교과목의 팀 기반 과제에서와 같이 팀 구성은 무작위로 이루어진다. 그러나 개념설계 및 design-build-test 과제는 학생들 개인의 사고 성향에 기반한 설계 창의성 양상을 이용하여 가능한 한 공평한 팀 구성이 되도록 고려하여 구성되는 팀으로 수행된다. 이렇게 다양한 팀 구성을 통해 학생들은 여러 가지 팀워크 상황을 경험하게 되고, 잘못된 팀 구성에 의해 학점 등에서의 불공정한 상황을 방지할 수 있다. 여러 각도에서의 다양성을 인정하고, 이해하고, 이용하는 능력이 점점 더 중요해지는 현 상황에서, 프로젝트의 내용 측면에서 또 팀 구성 측면에서 다양한 팀워크 활동의 경험을 통한 교육이 매우 중요하다.

우리나라는 제조과정의 생산성을 강조하여 산업경쟁력을 유지해온 종래의 국가 산업 발전의 흐름에 의해, 새로운 제품과 서비스를 창출하는 설계 능력을 갖춘 인력이 부족하며, 이러한 설계 분야의 연구와 교육이 선진국에 비해 뒤떨어진 상황이다. 앞으로 점점 더 산업경쟁력 및 가치 창출의 핵심이 제품개발과정의 초기단계로 전환되고 있으므로, 이를 극복하기 위한 총체적 노력을 기울이지 않으면, 결국 산업, 국가 경쟁력이 낙후되는 결과를 가져올 것이다. 반대로, 설계기본 소양을 갖춘 다분야의 전문인력이 많이 양성된다면, 중소기업을 포함한 국내 산업 구조를 선진화시키고, 새로운 비즈니스 모델을 창출하는 등 국가 경쟁력 증진을 이룰 수 있다. 또한 급속한 기술의 발전과 글로벌 경쟁상황은 다분야의 전문가와 협력을 통한 가치 창출을 요구하게 된다. 따라서 설계기본소양 교육이 학생 개개인의 필요에 적응적으로 적용되고, 특히 팀을 이루어 교육되는 내용이 효과적으로 수행되게 하기 위한 설계 교육 방법의 지속적인 연구, 개발이 필요하며, 이와 같은 연구, 개발 결과의 효과적인 확산이 요구된다.

참/고/문/헌

(고영준, 송규락, 2004) 고영준, 송규락, Design Sketch Rendering, 창미, 2004.
(김기옥, 2007) 김기옥, 소비자와 소비자 니즈, 성균관대 창의적공학설계 교안, 2007.
(김영세, 2001) 김영세, 12억짜리 냅킨 한 장, 중앙M&B, 2001.
(김영세, 2005) 김영세, 이노베이터, 랜덤하우스중앙, 2005.
(박기철, 2005) 박기철, 소비자조사 · 분석 넘는 생활자 체험 · 이해, 한국광고홍보학보, Vol. 7, No. 3, pp. 42-84, 2005.
(우흥룡, 진선태, 2004) 우흥룡, 진선태, 아이디어 발상의 끝은 없다, 창지사, 2004.
(최훈석, 2007) 최훈석, 효율적 팀워의 기초, 성균관대 창의적공학설계 교안, 2007.
(하세가와, 1996) 하세가와 노리요시, 인테리어 스케치토크, 건우사, 1996.
(Archer, 1984) Archer, L. B., Systematic Method for Designers, Developments in Design Methodology, N. Cross, (Ed.), John Wiley & Sons, LTD, Chichester, 1984.
(ASME, 1995) American Society of Mechanical Engineers, Integrating the Product Realization Process into the Undergraduate Curriculum, ASME, Dec. 1995.
(Barron & Harrington, 1981) Barron, F., and Harrington, D. M., Creativity, Intelligence, and Personality, Annual Review of Psychology, Vol. 32, pp. 439-476, 1981.
(Bodymedia, 1999) Bodymedia, Weight Loss & Fitness Software for Obesity, Diabetes, and Heart Dieases, http://www.bodymedia.com, 1999.
(Buxton, 2007) Buxton, B., Sketching User Experiences, Elsevier, 2007.
(Carter & Russell, 2001) Carter, P., and Russell, K., Workout for a Balanced Brain: Exercises, Puzzle & Games to Sharpen Both Sides of Your Brain, Quarto Inc., 2001.
(Cross, 2000) Cross, N., Engineering Design Methods—Strategies for Product Design (Third Edition), John Wiley & Sons, LTD, Chichester, 2000.
(Csikszentmihalyi, 1996) Csikszentmihalyi, M., Creativity: Flow and the Psychology of Discovery and Invention, Harper Collins, New York, 1996.
(Dixon & Poli, 1995) Dixon, J., and Poli, C., Engineering Design and Design for

Manufacturing, Fieldstone Publishers, 1995.

(Finke et al., 1992) Finke, R. A., Ward, T. B., and Smith, S. M., Creative Cognition: Theory, Research, and Applications, The MIT Press, Massachusetts, 1992.

(Guilford & Hoepfner, 1971) Guilford, J. P., and Hoepfner, R., The Analysis of Intelligence, McGraw-Hill, New York, 1971.

(Hanks & Bellison, 1977) Hanks, K., and Belliston, L., DRAW! A Visual Approach to Thinking, Learning and Communicating, William Kaufmann, Inc., California, 1997.

(Herman Miller, 2004) Herman Miller, Mirra Chairs, http://www.hermanmiller.com/CDA/SSA/Product/1,1592,a10-c440-p205,00.html, 2004.

(Howstuffwokrs, 2007) Howstuffwokrs, Amco Houseworks OrangeX Ojex Juicer Review, http://products.howstuffworks.com/amco-houseworks-orangex-ojex-juicer-review.htm, 2007.

(IDSA, 2000) IDSA, IDEA 2000 Gallery: Consumer Products, http://www.idsa.org/idea/idea2000/G7718.htm, 2000.

(Jung, 1921) Jung, C. G., (German original published in 1921), Psychological Types, Chapter X, Princeton University Press, Princeton, 1990.

(Jung, 1963) Jung, C. G., Memories, Dreams, Reflections, New York: Vintage, 1963.

(Kavakli & Gero, 2002) Kavakli, M., and Gero, J. S., Sketching as Mental Imagery Processing, Design Studies, Vol. 22, No. 4, pp. 347-365, 2002.

(Kessler, 2000) Kessler, R., The Soul of Education: Helping Students Find Connection, Compassion and Character at School, Association for Supervision and Curriculum Development, Alexandria, Virginia, 2000.

(Kim & Kang, 2003) Kim, Y. S., and Kang, B. G., Personal Characteristics and Design-Related Performances in a Creative Engineering Design Course, Proc. 6th Asian Design Conf., Tsukuba, Oct. 2003.

(Kim & Kim, 2002) Kim, Y. S., and Kim, S. D., Various Creativity-related Test Results from a Creative Engineering Design Course, Notes of Learning and Creativity Workshop, 7th Int'l. Conf. in AI in Design, Cambridge, July. 2002.

(Kim & Park, 2008) Kim, Y. S., and Park, J. A., Visual Reasoning Model for Studying Design Creativity, NSF Workshop on Studying Design Creativity,

Aix-en-Provence, 2008.

(Kim & Wang, 2009) Kim, Y. S., and Wang, E., Intelligent Visual Reasoning Tutor: An Intelligent Tutoring System for Visual Reasoning in Engineering & Architecture, to appear in Int'l. Journal of Engineering Education, Special Issue on Instructional Technologies in Engineering Education, 2009.

(Kim, 2007) Kim. Y. S., Toward a Creative Design Learning Framework, Design Creativity Workshop at the Creativity & Cognition Conf., Washington, 2007.

(Kim et al., 2001) Kim, Y. S., Mcroy, S., and Dicker, J., Korea/U.S Collaborative Research on Intelligent Tutoring System for Visual Reasoning in Engineering and Architecture, Proc. Int'l. Conf. Computers in Education, Seoul, Nov. 2001.

(Kim et al., 2005) Kim, Y. S., Kim, M. H., and Jin, S. T., Cognitive Characteristics and Design Creativity: An Experimental Study, Proc. of the ASME International Conf. on Design Theory and Methodology, Long Beach, 2005.

(Kim et al., 2007) Kim, M. H., Kim, Y. S., Lee, H. S., and Park, J. A., An Underlying Cognitive Aspect of Design Creativity: Limited Commitment Mode Control Strategy, Design Studies, Vol. 28, No. 6, pp. 585-604, 2007.

(Kim et al., 2008) Kim, Y. S., Kim, M. S., and Park, J. A., Training Programs for Cognitive Components of Creativity: A Preliminary Study, International Conference on Engineering and Product Design Education, Barcelona, Spain, 2008.

(Kirschman & Fadel, 1998) Kirschman, C. F., and Fadel, G. M., Classifying Functions for Mechanical Design, Journal of Mechanical Design, Vol. 120, pp. 475-482, 1998.

(Kosslyn, 1995) Kosslyn, S. M., Mental imagery, in Kosslyn, S. M., and Osherson, D. N. (Eds.), An Invitation to Cognitive Science: Visual Cognition, MIT Press, Cambridge, pp. 267-296, 1995.

(Kraft, 2005) Kraft, U., Unleashing Creativity, Scientific American Mind, Vol. 16, No. 1, pp. 17-23, 2005.

(Lawson, 1980) Lawson, B, How Designers Think, the Architectural Press, London, 1980.

(Levesque, 2001) Levesque, L. C., Breakthrough Creativity: Achieving Top Performance Using the Eight Creative Talents, Palo Alto, Davies-Black. 2001.

(Linsey et al., 2008) Linsey, J. S., Wood, K. L., and Markman, A. B., Modality and Representation in Analogy, Artificial Intelligence for Engineering Design, Analysis and Manufacturing, Vol. 22, No. 2, pp. 85-100, 2008.

(McKim, 1972) McKim, R., Experiences in Visual Thinking, Brooks & Cole Publishing Company, Monterey, 1972.

(Oxman, 2002) Oxman, R., The Thinking Eye: Visual Re-cognition in Design Emergence, Design Studies, Vol. 23, No. 2, pp. 135-164, 2002.

(Pahl & Beitz, 1996) Pahl, G., and Beitz, W., Engineering Design—A Systematic Approach (Second Edition), Springer, 1996.

(Park & Kim, 2007) Park, J. A., and Kim, Y. S., Visual Reasoning and Design Processes, Proc. of Int'l. Conf. on Engineering Design, Paris, 2007.

(Park & Kim, 2008) Park J. A., and Kim Y. S., Analyzing Design Tasks Using Visual Reasoning Model, The 3rd Int'l. Conf. on Design Computing and Cognition, Atlanta, 2008.

(Pugh, 1981) Pugh, S., Concept Selection: A Method That Works, Proc. of the International Conf. on Engineering Design (ICED), Rome, 1981.

(Schön, 1983) Schön, D. A., The Reflective Practitioner: How Professionals Think in Action, Basic Books, New York, 1983.

(SenseWear, 2003) SenseWear, Behavior Therapy that Makes Sense, http://www.sensewear.com, 2003.

(Sheppard et al., 1997) Sheppard, S., Jenison, R., Agogino, A., Brereton, M., Bocciarelli, L., Dally, J., and Demel, J., Examples of Freshman Design Education, Int'l. Journal of Engineering Education, Vol. 13, No. 4, 1997.

(Suwa et al., 1998) Suwa, M., Purcell, T., and Gero, J. S., Macroscopic Analysis of Design Processes Based on a Scheme for Coding Designers' Cognitive Actions, Design Studies, Vol. 19, No. 4, pp. 455-483, 1998.

(Torrance & Ball, 1984) Torrance, E. P., and Ball, O. E., Torrance Test of Creative Thinkings: Revised Manual, Scholastic Testing Services, Bensenville, IL. 1984.

(Treffinger, 1980) Treffinger, D. J., Encouraging Creative Learning for the Gifted and Talented, Ventura County Schools/LTI, Ventura, 1980.

(Tversky, 2005) Tversky, B., Visualspatial Reasoning, in Holyoak, K., and Morrison, R. (Eds.), Handbook of Reasoning, Cambridge, pp. 209–249, 2005.

(Udall, 1996) Udall, N., Creative Transformation: A Design Perspective, Journal of Creative Behavior, Vol. 30, No. 1, pp. 39–51, 1996.

(Ullman, 1997) Ullman, D., The Mechanical Design Process, McGraw–Hill, 1997.

(Urban, 1995) Urban, K. K., Creativity—A Component Approach Model, A paper presented at the 11th World Conf. on the Education for the Gifted and Talented, Hong Kong, 1995.

(Vogel et al., 2005) Vogel, C. M., Cagan, J., and Boatwright, P., The Design of Things to Come—How Ordinary People Create Extraordinary Products, Wharton School Publishing, 2005.

(Wilde, 1999) Wilde, D. J., Design Team Role, Proc. ASME Int'l. Conf. on Design Theory and Methodology, Las Vegas, Sep. 1999.

(Wilde & Labno, 2001) Wilde, D. J., and Labno, D. B., Personality and the Creative Impulse, unpublished manuscript.

찾/아/보/기

저 자 약 력

김용세

성균관대학교 Creative Design Institute 연구소장
성균관대학교 기계공학부 교수

교육

서울대학교 기계공학 학사, 1983
Stanford University 기계공학 석사(Design Division), 1985
Stanford University 기계공학(전산학부전공) 박사(Design Division), 1990

경력

미국 University of Illinois at Urbana-Champaign 조교수, 1990 - 1997
미국 University of Wisconsin-Milwaukee 부교수, 1997 - 2000
성균관대학교 부교수, 2000 - 2003
성균관대학교 교수, 2003 - 현재

미국기계학회 Computers in Engineering Division Chair, 1999 - 2000
과학기술부 창의적설계추론 지적교육시스템 연구단장, 2004 - 2008
성균관대학교 Creative Design Institute 연구소장, 2005 - 현재
Int'l. Design Research Symposium Chairman, 2006
Design Society, Design Creativity Special Interest Group Co-Chair, 2007 - 현재
Japan-Korea Design Engineering Workshop Chair/Vice-Chair, 2007 - 현재
Design Computing & Cognition Conference Vice-Chair, 2008
Int'l. Product-Service Systems Conference Scientific Committee Member, 2009
한국 CAD/CAM학회 부회장, 2007 - 2009
대한기계학회 생산 및 설계 부문 위원, 2007 - 현재
한국디자인기업협회, 디자인기반기술 자문위원, 2008 - 현재
지식경제부 제품-서비스 통합시스템 디자인 기술개발과제 총괄책임자, 2008 - 현재
지식경제부 지식서비스 기술위원, 2008 - 현재
서비스사이언스학회 서비스디자인 연구회장, 2008 - 현재

연락처: yskim@skku.edu, http://cdi.skku.edu

Introduction to
Creative Design
창의적 설계 입문

김 용 세 저

초 판 발 행 : 2009. 3. 16
제1판 4쇄 : 2019. 8. 13
발 행 인 : 김 승 기
발 행 처 : (주)생능출판사
신 고 번 호 : 제406-2005-000002호
신 고 일 자 : 2005. 1. 21
I S B N : 978-89-7050-625-8

10881
경기도 파주시 광인사길 143
대표전화 : (031)955-0761, FAX : (031)955-0768
홈페이지 : http://www.booksr.co.kr

* 파본 및 잘못된 책은 바꾸어 드립니다.

정가 18,000원